THE WORLD OF

区块链里程碑式之作

DIGITAL
ASSETS

数字资产世界

马源　著

U0352547

企业管理出版社
EMPH ENTERPRISE MANAGEMENT PUBLISHING HOUSE

图书在版编目（CIP）数据

数字资产世界 / 马源著. -- 北京：企业管理出版
社，2019.8

ISBN 978-7-5164-1875-8

Ⅰ.①数… Ⅱ.①马… Ⅲ.①数字技术—多媒体—资
产管理—研究 Ⅳ.①TP37

中国版本图书馆CIP数据核字（2019）第019388号

书　　名：数字资产世界
作　　者：马　源
选题策划：周灵均
责任编辑：周灵均
书　　号：ISBN 978-7-5164-1875-8
出版发行：企业管理出版社
地　　址：北京市海淀区紫竹院南路17号　　邮编：100048
网　　址：http：//www.emph.cn
电　　话：编辑部（010）68456991　　发行部（010）68701073
电子信箱：emph003@sina.cn
印　　刷：北京市青云兴业印刷有限公司
经　　销：新华书店
规　　格：170毫米×240毫米　　16开本　　12.25印张　　180千字
版　　次：2019年8月第1版　　2019年8月第1次印刷
定　　价：58.00元

前 言
PREFACE

我们身处的是一个瞬息万变的世界：风靡多年的诺基亚和摩托罗拉公司，已经褪去了往日的辉煌；原本火爆的QQ，已被微信抢夺了光芒；中国的首富，已易主了不知多少人。时代的变革如大浪淘沙，让人目不暇接。

我们身处的更是一个物竞天择的世界：当你还在为自己凑足首付款买了房暗自欣喜时，有的人已让一批人拥有了房子车子；当你还在为自己的月薪升上四位数而满足时，有的人早已身家千万。

你以为90后是离经叛道的一代，而不到30岁的他们却早已把你甩在远处，登上了福布斯中国精英榜；你以为比特币（BTC）不可信时，而以90后为主的数字货币信仰者早已实现了财富自由。

不管你知不知道，数字货币早已渗透全球，这是一个极其容易被发现的秘密。

不管你承不承认，在这个可能被区块链技术颠覆的新时代里，你可能已远远落后了。

我想告诉你的是，当下的中国，代表新生命力的90后甚至00后已经成为玩数字货币于股掌间的主流人群。从"草根"到百万、千万富豪的故事已不是什么新鲜事，甚至资本市场中神经最敏感的大妈们，也在一波波投身数字货币，她们笑称自己是"韭菜"，却玩得酣畅淋漓；在被你忽略的西部偏僻地区，正24小时不停地"挖矿"，成为了你意想不到的造富工厂；而你也不知道的是，世界前三大比特币的矿机生产商都在中国，并且中国的算力已占到全球的80%……

这本书，将带你走进看似神秘的数字资产世界，让你跟随亲历者感受时代的变革，让你告诉自己如何在数字时代里改变自己的命运。

马 源

2019年1月写于北京

目　录
CONTENTS

Part 1　数字资产世界——十年激荡 / 001

十年磨一剑，从诞生、蛮荒、风靡、低谷到繁荣，数字货币的每一个阶段都来得让人措手不及，但最终数字货币还是以"适者生存"这条生物史上亘古不变、永不过时的自然法则告诉全世界，它们是这个时代的适配者，是人类创造的货币发展史上浓墨重彩的一笔。

2008年　中本聪的萌芽 / 003

2008年11月1日，一位化名"中本聪"的神秘人物发表了一篇《一种点对点的现金支付系统》的论文，阐述了他对数字货币的构想，并提出了"比特币"的概念，此时世界处在水深火热的金融危机中，没有人关注有关比特币的论述；而当时的我，正从实体企业的经营中抽身，跨界转型到股权投资基金的管理工作。

2009年 区块和BTC的诞生 / 005

比特币白皮书发布两个月后的2009年1月3日，中本聪在位于芬兰赫尔辛基的一个小型服务器上，亲手创建了第一个区块——比特币的创世区块，挖到了史上第一笔共计50枚比特币，这标志着以比特币为首的数字货币正式诞生，这无疑是一个伟大的日子；而我并没有听过任何有关比特币的消息，那一年我只对中国A股创业板的开启感兴趣并为此兴奋不已，资本市场让做实体企业出身的我看到了它的魅力。

2010年 新技术巨婴的蛰伏 / 007

我把2010年归纳为数字货币的蛮荒年和蛰伏期。《后汉书·樊准传》中对蛮荒有所定义：化自圣躬，流及蛮荒。意思是野蛮荒凉的地方。2010正是比特币野蛮产生但又很少被知晓的荒凉时期。社会法则是，只要一个事物还存在着，就说明它具有生命力或者说具有存在的意义。比特币的经济价值，终于在它诞生后的16个月零19天后显现了。

2011年 鲜为人知的破晓 / 009

中本聪于2011年4月26日销声匿迹了，从开始到现在，他始终未在公众场合露过面。他是一个人，还是一个组织？是哪国人？无人知晓，也无从考证，以至于现在各国都在争相认领这个传奇的发起人。日本人声称，中本聪一定是个日本人，他有个典型的日本姓氏；而我于2018年3月7日商务考察挪威时，在首都奥斯陆与挪威首相埃尔娜·索尔贝格会面，谈及数字货币，她自豪地说："中本聪可能是北欧人，因为他的服务器第一次出现的地方是在芬兰，这是北欧的骄傲。"

2012年 塞浦路斯金融风暴的黎明 / 012

2012年，欧盟国家塞浦路斯爆发金融危机，人们试图从ATM机取出自己的钱，但是银行把电子清算停了，无法取出钱来，人们对银行系统失望透顶。因为塞浦路斯的这场金融风暴，使人们意识到国家的银行系统是不可信的，比特币才是最安全的金融资产。这一年的我，正扎根在通信、互联网、教育和高科技等投资领域，深耕企业战略管理及风险投资，当时还未产生与数字货币相遇的缘分。

2013年 比特币首次风靡大涨 / 014

酝酿了整整4年的数字货币终于在2013年全面开花。这一年，比特币开始席卷全球，并迅速蔓延。市场似乎已对比特币建立了信任关系，二级市场的价格在2013年连创新高，从年初的28.66美元上涨到年底的1242美元，一举超过黄金价格，引起了全球经济界的轰动。看来，或早或晚，比特币终将会成为一个全球认可的具有流动性的优良资产。

2014年 价格起伏动荡的低谷 / 018

比特币2014年转身下跌，导致整个数字货币市场都陷入低谷期。但恰好是在这一年，我听说了比特币。当年，钢铁侠的原型、全球最大的电动汽车制造商美国特斯拉公司CEO马斯克来到了中国，我去拜访了他，我们相互交流时，他跟我提到了他的比特币丢失的事情，他感到很遗憾。听起来我觉得比特币这个玩意儿就像一款新奇的游戏一样，很酷很好玩。

2015年 制度认可中的价格寒冬 / 022

2015年是比特币"矿工"的一场噩梦，全年比特币价格最低探至176美元。此时的中国，则是笼罩在股灾的阴霾下，好在我并不做股票的二级市场投资，所以这场股灾只是让我的IPO项目投资回报下降，并没有让我产生其他亏损。然而，就在这一年，美国为一家比特币交易所——Coinbase颁发了该国首个数字货币牌照，这为数字货币日后的回暖做了很好的铺垫。

2016年 新兴市场交易回暖 / 024

经历过寒冬之后，数字货币在2016年开始回暖。此时的中国，也培育了一批比特币交易所，并最终形成火币网、比特币中国和OKcoin三足鼎立的早期交易所格局。这一年，澳大利亚企业家克雷格·莱特在BBC上声称自己是比特币之父，是中本聪，但却无法提供有力证据证明身份。

2017 年 历史高价资本参与的繁荣 / 026

比特币在2017年一路高歌，并在12月18日达到历史最高价19875美元/个，全年累计涨幅超过2400％。中国知名天使投资人薛蛮子也及时冲进了区块链市场，他在短短8天时间里投资了12个区块链项目。另外，数字货币交易平台界也出现一位后起之秀，赵长鹏在7月份创办了币安网，并一跃成为全球交易量最大的交易所，而程序员出身的赵长鹏，从普通码农变为亿万富翁，只用了半年时间。

2018年 万众创新驱动的野蛮生长 / 029

2008—2018年，这是数字货币的第一个十年，从质疑到认可，从低谷到火爆，这一切都证明了数字货币存在的价值，比特币的价格也从最初的0.0025美元最高上升到19875美元。未来，它还会有无数个十年，我期待着有更多精彩的故事出现，到时候由年轻人来讲给大家听，可好?

Part 2　数字资产世界——币圈群雄 / 033

数字资产世界是一个不折不扣的"江湖"。"江湖"中有这样一帮人，他们以敢为天下先的本领，在数字资产世界征战多年，修成了盖世"武功"。这些"大侠"神出鬼没，神秘莫测，外人很难知道他们在哪里，有多大的能量。

薛蛮子 / 035

鹤发童颜，顽皮的秉性，币圈的风云人物。

元道 / 041

技术偏执狂，中国早期的区块链布道者，通证经济的倡导者。

吴忌寒 / 044

比特币矿机全球第一霸主，比特币隐形富豪。

赵长鹏 / 047

全球最大的数字货币交易所创始人，六个月创造了近20亿美元的财富。

V神（Vitalik Buterin） / 050

天才少年，区块链2.0项目以太坊的创始人。

BM（Dan Larimer） / 053

三个鼎鼎有名的区块链项目Bitshares、Steemit和EOS的创始人。

肖风 / 055

万向控股副董事长，分布式资本合伙人，早期区块链投资领域的教父级人物。

李笑来 / 058

传说中的比特币首富，拥有教师、作家、投资人等多重标签，曾因发起ICO项目颇受争议。

东叔 / 061

比特币早期玩家，曾因玩比特币杠杆交易亏损上亿元，后来涅槃重生，成为中国最大的数字货币场外交易商之一。

Part 3 数字资产世界——十大币种 / 079

数字货币，最先出现的是比特币。作为"老大哥"，比特币曾被质疑多年，辉煌过，也低迷过。如今，以比特币为典型的数字货币以颠覆性的力量进入全球视野，和一批新兴数字货币的诞生和被推崇有莫大关系，它们相融共生，互相成就。

比特币BTC / 081

比特币应该算是21世纪人类最伟大的发明之一了。不管你承不承认它的货币属性，它都存在着，并实时流通和交易着。十年了，它在世界货币史上添上了浓墨重彩的一笔。当然，比特币能不能成为新一代世界通行的主流货币并不是我们讨论的主题，我只是想，它作为21世纪一个不同凡响的存在，我们有理由去了解它。

以太坊ETH / 086

以太坊（ETH）是除比特币之外流通最广的数字货币，其全球市值长期排名第二，仅次于比特币（BTC）。初识ETH，是在2017年，它被称为区块链技术2.0的代表。我是IT出身，对新技术还算敏感，当时还特意买了一本《区块链技术指南》来学习。

瑞波币 XRP / 090

数字资产世界，就是一个不断创造奇迹、不断变不可能为可能的世界，瑞波币就是其中的一个典型案例。作为一个并不起眼，和区块链关联也不太大的币种，XRP却创造了一段闪耀的历史，如今已成为两币（BTC、ETH）之下、千币之上的数字货币。

比特现金 BCH / 093

从备受比特币圈内争议到受到市场的认可，比特现金不仅完成了历史使命，而且还创造出了一片新天地。在官方网站中，比特现金用醒目的大字给自己做了介绍：世界上最好的钱。

EOS / 096

在认识EOS之前，先给大家普及一下EOS的"江湖"地位。"江湖"中的说法是，BTC让人了解了区块链，ETH创造了智能合约，EOS则是试图带来大规模应用的用户体验。从底层技术角度上说，市场把BTC、ETH、EOS三者分别对标为区块链1.0、区块链2.0、区块链3.0。

恒星币 XLM / 101

早期的区块链项目造就了一大批专业人才，部分人在另立门户之后，又奇迹般地创造出了新的主流数字货币，ADA的创始人查尔斯·霍斯金森如此，恒星币（XLM）的创始人Jed McCaleb也是如此。

莱特币 LTC / 103

在数字货币出现的早期，币圈素有"比特金，莱特银"的说法，"比特"指比特币，"莱特"指莱特币，莱特币曾是除比特币以外市值最大的数字货币，尽管后来出现了上千种数字货币，但莱特币依然屹立在主流数字货币的阵营，虽然市值已不再排名第二，但全球长期排名依然在前十位。

艾达币ADA / 105

在数字资产世界，有一个和EOS经历相似的币种，它们同样是底层公链并有"区块链3.0的代表"之称，同样上市时间还不到一年，同样都已跻身全球十大数字货币之列，它就是艾达币（ADA）。

波场TRX / 107

波场的创始人孙宇晨为中国人,这位90后拥有诸多亮丽的头衔:北京大学本科毕业,美国常青藤盟校宾夕法尼亚大学硕士,马云门徒,2015和2017福布斯30岁以下精英榜中人。

埃欧塔 IOTA / 110

埃欧塔是一个拥有物联网概念的数字货币,它起源于2014年。作为一个和以太坊有差不多长历史的数字货币,埃欧塔也算是大浪淘沙后留下的主流币种,埃欧塔的市值成绩最好时是在2017年,全球排名第五位。

Part 4　数字资产世界——财富密码 / 113

在数字资产世界,主要有四大造富机会,分别是挖矿、交易所、发币、炒币。没来到这个"江湖"的时候,你不会明白,为什么财富离你那么远,离他们却那么近。

挖矿 / 115

在数字资产世界中,有一群低调潜行的人,他们大多身在电费低廉的偏僻之地,或是气候寒冷的人迹罕至之地;他们守着24小时不停歇的矿机,争分夺秒地和分布在世界各地的"矿工"抢夺记账权;他们是以比特币为主的数字货币运作网络的重要维护者,他们有一个共同的名字,叫"矿工"。

不少数字货币玩家因此暴富，比如以几十万元赚到上千万元。

世界科技巨头对区块链的探索 / 149

附录　名词解释 / 159

后记 / 171

作者与特斯拉 CEO 马斯克

作者与挪威首相埃尔娜·索尔贝格

作者与薛蛮子

作者与比特币知名玩家老猫

作者与比特币知名玩家东叔

作者与薛蛮子、老猫等人在日本

作者与区块链早期布道者元道

作者与小米创始人、董事长兼 CEO 雷军

作者考察北欧比特币矿场

第一章

数字资产世界——十年激荡

　　十年磨一剑，从诞生、蛮荒、风靡、低谷到繁荣，数字货币的每一个阶段都来得让人措手不及，但最终数字货币以"适者生存"这条生物史上亘古不变、永不过时的自然法则告诉全世界，它们是这个时代的适配者，是人类创造的货币发展史上浓墨重彩的一笔。

　　从2008年"比特币"概念的提出到现在，数字货币（也称为加密货币）的发展经历了十多年时间。这十多年，以比特币为主的数字货币经历了传奇的"一生"，期间跌荡起伏，荡气回肠。如果此时，你还在怀疑或排斥数字货币，那么请给自己留一点求知的时间，让我带你看看，这十多年世界发生了什么。

数字资产世界

SHUZI ZICHAN SHIJIE

2008年
中本聪的萌芽

首先，让我们把时间退回到十年前的2008年。

这是世界金融史上遭受重创的一年，国际金融危机全面爆发，美国华尔街风光无限的五大独立投行消失殆尽：拥有百年历史的全球知名投行雷曼兄弟破产，美林证券被美国银行收购，投资银行高盛和摩根士丹利也变成了银行控股公司，美国保险巨头AIG陷入困境。这彻底摧毁了投资者的信心，全球股票市场集体暴跌……

当全球还沉寂在金融危机带来的伤痛时，一个看起来不足以被关注的"数字货币"概念开始在一个很小的群体中传播。2008年11月1日，一位化名"中本聪"的神秘人物发表了一篇《一种点对点的现金支付系统》的论文，阐述了他对数字货币的构想，并提出了"比特币"的概念。当然，身处在十年后2018年的你也可以把这篇论文看成是一本白皮书。

"数字货币"概念的出现，并没有引起世界的太多关注，只有极少一部分的网络极客注意到了它，而彼时的中国，正处在悲喜交加的情境中，更是无心关注有关比特币的论述。因为2008年5月12日，中国四川的汶川地区发生了8级大地震，这是中华人民共和国成立以来破坏性最强、损失最大的一次地震，造成69227人遇难，直接经济损失达8000多亿元。5·12大地震后，中国迎来了一次世界瞩目的奥运会，2008年奥运会从8月8日起共持续了16天，中国以51枚金牌数居金牌榜榜首，是奥运会历史上首个登上金牌榜榜首的亚洲国家。

也是在奥运会结束的21天后，美国雷曼兄弟倒闭，这场被认为是1929年以来最严重的金融危机迅速席卷全球，中国的股市风向标上证指数一泻千里，在10月28日跌到了1664.04点的谷底，这较上一年10月16日6124点的高峰累计下跌70%，是当年全球资本市场的"熊王"。数以万计的投资者因此倾家荡产，2008年全国股民人均亏损13万元。

当时的我，正从实体企业的经营中抽身，跨界转型到股权投资基金的管理工作，金融危机让中国股市跌到谷底，让我觉得这可能是一次千载难逢的进入资本市场的历史机遇。

2008年11月4日，在金融危机的背景下，奥巴马成功当选美国第44任总统，成为美国历史上首位黑人总统。他竞选口号是"change we need"，即"我们需要的变革"。2008年11月1日比特币白皮书的问世与此不谋而合，这是多么微妙的一件事啊。

2009年
区块和BTC的诞生

比特币白皮书发布两个月后的2009年1月3日，中本聪在位于芬兰赫尔辛基的一个小型服务器上，亲手创建了第一个区块——比特币的创世区块，挖到了史上第一笔共计50枚比特币。这标志着以比特币为首的数字货币正式诞生。

不过，比特币的诞生并没有引起什么波澜，若不是中本聪为了纪念比特币的诞生，将当天《泰晤士报》头版头条标题"the times 03/Jan/2009 chancellor on brink second bailout for bank"刻在了第一个区块上，向世界展示了首个比特币的诞生时间，恐怕人们也不会联想到比特币与哪个国家有什么联系。

2009年世界还未从金融海啸中走出来，只是刚得以喘上一口气，美国新上任的总统奥巴马也是面临巨大的挑战，华尔街的金融企业陷落，汽车产业也遭遇了史上最惨重的挫败，底特律的三大汽车公司裁员14万人。奥巴马亲自考察汽车业，但有意思的是，他并没有去乌云满城的底特律，而是去了硅谷，考察了一家叫特斯拉新能源电动汽车公司，这家汽车公司的创始人马斯克让奥巴马相信了什么是汽车产业需要的变革，随后，特斯拉获得4.65亿美元的政府低息贷款。

此时的中国，是互联网的变革期，由百度、阿里巴巴和腾讯"三巨头"形成的BAT时代取代了原本由新浪、搜狐和网易所统治的新闻门户时代；令亿万网民狂欢的电商"双十一"活动正是起源于2009的11月11日；腾讯QQ在当时也是中国最受欢迎的社交工具。

2009年中国资本市场的一大事件是创业板问世。10月23日，首批28家公司登陆创业板，平均市盈率为56.7倍，成为中国资本市场一道令人振奋的风景线。

然而，不管世界的反应如何，2009年1月3日都是一个伟大的日子，因为比特币就此问世了。

比特币的问世，恰好是在全球金融危机爆发期，这是偶然还是必然？美国银行信用体系的崩盘，冲击力波及全球，人们第一次意识到银行信用体系并不是那么可靠。与此同时，贵金属的信任体系也遭到一定冲击，2008—2009年，以黄金为首的贵金属并没有反映出"避险资产"应有的属性，金价并未大涨：2008伦敦金价平均为871美元/盎司，2009年伦敦金价平均为927美元/盎司，小幅上涨6.43%。如今黄金的均价都达到了1329美元/盎司，远高于2008—2009年的价格。

很难用一两句话来解释什么是比特币，就像当年人们很难理解什么是互联网一样。它的诞生，更像是一种新货币体系的重构，因为比特币系统的运行，既不依赖于中本聪，也不依赖于其他任何人，只依赖于完全透明的数学逻辑、加密算法。中本聪创建了一个完全去中心化的电子系统，其利用分布式计算系统每隔10分钟进行一次的全网记账，能够使去中心化的网络同步交易记录。所以，数字货币最大的特点是，完全去中心化。没有发行机构，也就不可能操纵发行数量，其发行与流通，是通过开源的P2P算法实现。

有人断言，中本聪发明比特币是为了用一种去中心化的数字货币取代中心化货币，而这很可能是货币史上颠覆性的存在。

2010年
新技术巨婴的蛰伏

在新兴的数字资产世界，比特币有一段孤独的生长期，鲜为人知。当时很容易就可以获取比特币，普通的计算机就可以挖矿，几天就可以挖到上百个比特币，所以部分比特币社区成员手持大量比特币。

我把2010年归纳为是数字货币的蛮荒年和蛰伏期。《后汉书·樊准传》中对蛮荒有所定义：化自圣躬，流及蛮荒。意思是野蛮荒凉的地方。2010正是比特币野蛮产生但又很少被知晓的荒凉时期。

社会法则是，只要一个事物还存在着，就说明它具有生命力或者说具有存在的意义。比特币的经济价值，终于在它诞生后的16个月零19天后显现了：2010年5月21日，美国佛罗里达程序员Laszlo Hanyecz用10000个BTC购买了价值25美元的披萨优惠券，这意味着，一个比特币的价格是0.0025美元（约0.0155元人民币）。这就是比特币历史上首个比特币兑换实物的交易，从那时起，比特币开始蓄集能量。

就在这一年，欧洲的一些国家正身处危机之中，希腊的债务危机全面爆发，2010年5月，欧盟批准了7500亿欧元的援助希腊计划。另外，西班牙、葡萄牙、意大利、爱尔兰的处境也很不妙，这预示着欧洲经济的衰退。

2010年的中国，举办了第41届世界博览会。5月1日在上海开幕，20

个国家元首到场，246个世博展馆开门迎客，并在此后的六个月里吸引了7000万人参观。另外，2010年中国还有一件更为瞩目的事件，中国的GDP增长创下了10.6%的峰值，总量达到41.3万亿元，首次超过日本，成为世界第二大经济体，而日本自1968年以来稳坐世界第二大经济体宝座42年之久。这预示着中国的崛起，日本的衰弱。

比特币在2010年也得到普及，7月份，世界上第一个比特币交易平台MT.GOX（门头沟交易所）在日本成立，这促使比特币的价值得到进一步体现。但当时的玩家并不多，大部分是游戏玩家、程序员、极客，以及一些投机者在玩比特币。大多数人都很难意识到，比特币会拥有如此巨大的能量和投资潜力。

到2010年11月时，世界上已挖出了约400万枚比特币，而当时比特币的总数是2100万个，约占19%。此时比特币看起来有一些货币的潜质了，比特币在MT.GOX（门头沟交易所）的价格为0.5美元/个。

2011年
鲜为人知的破晓

比特币注定有王者气场，在它诞生两年后的2011年2月9日，其价格首次达到1美元/个，与美元等价。这对比特币来说是一个极其重要的时刻。比特币因此得到媒体大肆报道，引发各界的关注，比特币的玩家也由此大增，迅速吸引了一批支持者。

此后的两个月里，比特币与英镑、巴西币、波兰币的互兑交易平台先后开张，预示着市场对比特币的接纳程度进一步加深。然而就在此时，创始人中本聪却消失了。网上可以查到的中本聪最后留下的足迹是在2011年4月26日。

中本聪与比特币社区成员之间并不见面，只有邮件往来。美国程序员加文·安德森（Gasit Andresen）是最后一个与中本聪联系的人。加文·安德森发给中本聪的最后一封邮件，是告诉中本聪他同意去见美国中情局的人，随后中本聪就与外界完全切断了联系，再也没有跟任何人有邮件往来，他把比特币的代码开发与网络建设的重任留给了欣欣向荣的比特币社区成员。

从比特币2009年1月3日诞生起，美国一直比较敏感。因为2008年由华尔街引起的金融危机让美国人对银行体系，甚至对政府都丧失了信心，他们认为这个世界需要新的信任模式，需要一个可替代原有货币的新货币，而这个新货币很可能就是比特币，所以美国对比特币格外关注。这或许也是中本聪一直刻意保持神秘，并突然消失的重要原因。

从2008年11月1日出现到2011年4月26日消失，中本聪始终未在公众场合露过面。中本聪是一个人，还是一个组织？是哪国人？无人知晓，也无从考证，以至于各国现在都在争相认领这个传奇的发起人。日本人声称，中本聪一定是个日本人，他有个典型的日本姓氏；而我于2018年3月7日商务考察挪威时，在首都奥斯陆与挪威首相埃尔娜·索尔贝格会面，谈及数字货币，她自豪地说："中本聪可能是北欧人，因为他的服务器第一次出现的地方是在芬兰，这是北欧的骄傲。"据最后一个与中本聪邮件往来的加文·安德森讲述，中本聪的英文极好，他好像是在刻意隐藏自己的身份，从来不与比特币的社区成员有私人往来。不过，中本聪的消失并不影响比特币的发展，这就是数字货币的创新和伟大之处。

中本聪消失两个月后，美国出现了一个与比特币有关的黑市网站，名叫"丝绸之路"（Silk Road），这是一个违禁品交易平台，买卖双方可以匿名交易枪支、弹药、大麻、致幻剂、兴奋剂等各种违禁药品。该网站之所以和比特币能扯上关系是因为它规定买家只能用比特币来购买这些违禁品，交易以比特币结算，执法人员就难以查出违禁品买卖双方的真实身份，这也给比特币的发展蒙上了一层阴影。

2011年6月，比特币曾创下新高，达到了31美元。然而，就在比特币玩家都开始惊呼时，门头沟交易所被黑客攻击了，比特币继而遭受重挫，开始大跌。此时，媒体开始抨击比特币，很多投资者也成为了事后诸葛亮，但比特币的支持人并没有因此倒塌。2011年8月20日，第一次比特币会议在纽约召开，比特币的价格在会议期间达到了11美元。

同样是在8月，中国开启了打造智能手机自主品牌的序幕。8月16日，小米手机创始人雷军召开了小米手机的发布会，他向世界宣布"小米是中国首款1.5G手机，是全球主频最快的智能手机"，会场被"粉丝"围得水泄不通；而就在雷军召开小米手机发布会后的一周，具有划时代价值的苹果手机创始人乔布斯辞去了苹果公司CEO职务。10月6日，56岁的乔布斯因病与世长辞。

智能手机的世界格局在变，数字货币的格局也在变。2010—2011年，世界上出现了除比特币以外的其他数字货币（也称为山寨币），如IXCoin、Tenebrix等，其中较为知名的是LiteCoin（简称LTC，莱特币）。LTC诞生于2011年10月7日，它在技术上与比特币具有相同的实现原理，但做了优化和改进：第一，LTC网络每2.5分钟（比特币是10分钟）就可以处理一个区块，因此可以提供更快的交易确认；第二，LTC网络预期产出8400万个LTC，是比特币网络发行货币量的四倍之多；第三，LTC在其工作量证明算法中使用了scrypt加密算法，这使得相比于比特币，在普通计算机上进行LTC挖掘更为容易。

以比特币为主的数字货币，无论被叫为"虚拟货币"还是"加密货币"，都离不开"货币"的概念，这就注定了它会受到各国政府的关注和打压。

2012年
塞浦路斯金融风暴的黎明

2012年，欧盟国家塞浦路斯爆发金融危机，人们试图从ATM机取出自己的钱，但是银行把电子清算停了，无法取出钱来，人们对银行系统失望透顶。当这个消息传遍全球时，比特币信仰者更加坚定，一个脱离国家控制的货币系统为什么是必要的了；因为塞浦路斯的这场金融风暴，使人们意识到国家的银行系统是不可信的，比特币才是最安全的金融资产。

2012年的10月，欧盟央行发布《虚拟货币体制报告》，将比特币定位成"第三类虚拟货币"，认定其具有双向流动性和买卖价格，并可以用于购买虚拟或实体商品和劳务。欧盟的这一界定等于承认了数字货币具有货币的流通价值。欧盟是首个对数字货币给予公开关注并进行界定的政府组织。

与此同时，美国财政部的监管人员也在权衡比特币存在的意义，为此，美国金融犯罪执法网络发布了首个对虚拟货币的监管条例，内容影射出比特币不是非法的。美国对比特币的监管政策对投资者来说等于是亮了绿灯。

此后，比特币的价格又开始上升，2012年11月25日，欧洲第一次比特币会议在捷克首都布拉格召开，此时比特币价格已涨回到了12.6美元，这是非常好的前兆。

2012年是中国经济领域多产的年份：3月，马化腾的微信用户突破1亿人，这是中国互联网史上用户增速最快的在线聊天工具；8月，张一鸣推出了"今日头条"，这是一款基于数据挖掘的新闻推荐引擎产品，后来迅速成名；同样是8月，腾讯张小龙团队开发的微信公众平台上线；9月，前阿里巴巴员工程维自主创业并推出了滴滴打车APP。2012年的中国文学界也发生了一件重大事件：10月，山东作家莫言击败了日本作家村上春树，获得了诺贝尔文学奖。

2012年也是数字货币发展的重要年份。11月，全球互联网最流行的博客系统Word press宣布接受比特币支付；三个月后，全球知名的社交新闻网站Reddit宣布，称其网站的gold服务通过coinbase接受了比特币支付。它们都是早期拥抱比特币的企业，这些里程碑式的标志也预示着主流接受比特币的开始。

2013年
比特币首次风靡大涨

　　塞浦路斯金融危机使人们对银行货币产生了信任危机，而2013年3月该国对民众征收"存款税"的计划再次让信任危机雪上加霜。人们开始讨论，当银行货币不再受信任，人们还可以相信什么？

　　2013年3月25日，证券分析网Stock House.com创始人杰夫·贝里克（Jeff Berwick）称，他计划在塞浦路斯开通一台虚拟货币比特币ATM机，方便民众将存款兑换为更加稳定的比特币，以解救水深火热的塞浦路斯人。

　　至此以后，越来越多的人开始对比特币建立信任关系，酿酝了整整4年的数字货币也终于在2013年全面开花。

　　2013年年初，一家名叫瑞波（Ripple）的货币转账平台公司推出了平台币瑞波币（RPX）。

　　2013年4月1日愚人节，比特币价格历史性地突破100美元。价格涨得如此疯狂，是大家始料未及的，一部分持有比特币的人在考虑是不是该出点货套现，另一部分则在犹豫，想着也许一个星期之后可能涨到200美元了呢，因为这就是比特币的风格：Could go up，could go down！（能下能下，预料不清！）

　　2013年5月9日，世界最大的比特币报道网站——BTC中文网www.

sosobtc.com获得了投资基金Union Square的500万美元A轮投资，当日比特币价格涨到了112.09美元；2013年5月17日，"2013年圣何塞比特币大会"召开，吸引了1300多人参加，当时比特币价格涨到了119.1美元；2013年5月28日，美国国土安全部以涉嫌洗钱和无证经营为由取缔了位于哥斯达黎加的汇兑公司Liberty Reserve的虚拟货币服务，这是美国历史上最大的国际洗钱案，洗钱规模达到60亿美元。即便如此，比特币价格依然在上涨，当日价格为128美元，很多人一觉醒来，发现自己已经是百万富翁了。

数字货币在2013年经历了生命里的第一次高潮，这是值得纪念的年份。2013年的中国，也有很多重要的时刻：1月，新三板在北京金融街正式挂牌，这是中国第三个全国性的证券交易市场；6月，阿里巴巴投资的存款产品"余额宝"上线，利率秒杀银行存款利率；8月和9月，李嘉诚变卖了部分北京和上海的物业，转而投资海外，引起巨大争议；12月，在中国年度经济人物的颁奖晚会上，小米手机的雷军和格力电器的董明珠设下"十亿赌局"：五年后，小米的销售额能否超过格力。（注：本书截稿时2018年尚未结束，但2017年小米的销售额达1150亿元，格力电器的销售额为1500亿元，仅有350亿元之差。）

2013年是比特币历史上最重要的一个阳光年，比特币迷们跨国界地享受了一场全球欢呼的盛宴。让我们一一记录下来，这一年世界各国发生了什么：

2013年6月，德国议会做出决定，持有比特币一年以上将予以免税，变相认可了比特币的法律地位。

2013年6月，Mt.Gox获得美国财政部金融犯罪执法网络处颁发的货币服务事务许可。

2013年8月，德国政府表示，比特币可以作为私人货币，个人使用会有一年的免税优惠，作为商业用途要征收一定比例的税。

2013年10月，世界上第一台公开使用的比特币ATM机在加拿大温哥华投入使用，其经营者是温哥华的Bitcoiniacs和美国内华达州的Robocoin，在一家温哥华的咖啡馆里，通过这台机器可以双向兑换比特币和加拿大元。

2013年11月，加拿大国家税务局（CRA）发布第一份关于在税务上如何对待虚拟货币的说明。

2013年12月，澳大利亚储备银行表示，人们可以用加密货币进行支付，没有法律禁止这种行为。

2013年12月，波兰财政部宣布，不认为比特币非法，不限制其发展，但不视比特币为法币。

2013年12月，斯洛文尼亚财政部称，比特币不属于货币或资产，对比特币交易的收益不征收资本利得税，但"挖矿"或者将比特币作为支付方式需要对应征税。

2013年12月，丹麦金融监管局称，比特币相关业务不在监管范围。

2013年12月，挪威税务管理局称，比特币应当视为资产而非货币，应对其收益征收财产税。

2013年12月，中国人民银行等五部委发布《关于防范比特币风险的通知》，中国把比特币视为商品，但监管较为严格，并警示炒币风险。

就在各国政府纷纷认可比特币的2013年年末，以太坊创始人Vitalik Buterin发布了以太坊初版白皮书，启动了项目。与此同时，比特币再次创新高，2013年11月29日，比特币在Mt.Gox的交易价最高达到1242美元，而同期黄金价格为一盎司1241.98美元。也就是说，此时比特币价格已超过了金价。

比特币价格超过金价的事件，引发了市场对比特币可能会成为一个新避险资产的讨论。黄金作为交易的媒介已有3000多年历史，以黄金为本位币的货币制度也已在全球实行了100多年，长期以来，黄金都被认为是世界上最好的避险资产。

那么，比特币是否会成为全球公认的避险资产呢？我想，时间会验证一切：或早或晚，比特币终将会成为一个全球认可的具有流动性的资产。

2014年
价格起伏动荡的低谷

　　凡遇波峰，就必有波谷，这也是事物健康成长的必然之路。经历了2013年第一波盛世之后，比特币开始步入下行通道。

　　2014年开年似乎就不太顺畅。当年2月，全球最大的比特币交易平台Mt.Gox价值近5亿美元的85万个比特币被盗一空，导致平台破产。[①]

　　比特币的价格似乎十分敏感和脆弱，加上没有涨跌幅限制，且24小时交易，所以一旦有重大的消息，比特币就会产生强烈的反应。2014年，比特币的价格飞流直下三千尺，最低时只有293美元，较2013年年末1242美元的峰值下跌了76%。

　　尽管比特币价格已不能和2013年时同日而语，但各国对比特币的关注其实没有减弱。

　　2014年1月，美国为制定比特币监管政策举行听证会，此举受到了全世界的关注。

　　2014年1月，新加坡国税局发布一系列征税指南，称如果比特币被作为支付方式，则要按易货兑换征税，处理比特币外汇交易的企业也将根

---

① 2014年3月3日，北京日报《世界最大规模比特币交易平台Mt.Gox申请破产》。

据比特币的销售量征税。

2014年2月，俄罗斯总检察长宣布，在俄罗斯境内，任何公民和法人实体使用比特币都是非法的。

2014年2月，卢森堡金融局认可了比特币等加密货币的货币地位。

2014年3月，美国国税局发表正式声明，认定比特币属于财产，与其它有价商品类同。

2014年3月，日本内阁会议决定不采取对比特币的监管措施，同时对比特币购买和消费的征税上采取灵活的政策，但禁止银行和证券公司从事比特币业务。

2014年3月，哥伦比亚金融监管局表示，比特币的使用不受监管。

2014年3月，中国央行发布《关于进一步加强比特币风险防范工作的通知》，禁止国内银行和第三方机构替比特币交易平台提供开户、充值、支付、提现等服务。

2014年6月，瑞士联邦委员会发表声明，称不认为需要对加密货币采取监管措施。

2014年7月，法国财政部发布报告，称比特币等加密货币将成为需要缴纳资本所得税的项目。

2014年8月，澳大利亚税务局发布比特币税收准则。

2014年8月，俄罗斯财政部发布了一份旨在禁止比特币及所有替代货币活动的法案。

2014年9月，英格兰银行发布报告，承认比特币是真正的技术创新，并认为比特币以及数字货币对整个金融体系尚未构成威胁。

2014年11月，加拿大央行发布了一项针对比特币和数字货币的声明，表示正密切关注该领域的发展。

2014年12月，巴西参议院发表了一份关于比特币的报告，建议对数字货币不予监管，并建议巴西官方效仿美国对比特币采取的友好政策。

2014年12月，南非储备银行发布意见书，称加密货币没有法律地位和监管框架，即不干预加密货币。

此时，全世界大多经济主流国家从国家层面认可了数字货币，但也有极小部分国家对数字货币持极为反对的态度，比如厄瓜多尔共和国、吉尔吉斯共和国、孟加拉人民共和国等。

与此同时，2014年的比特币还暴露了容易被犯罪分子利用的风险。由于比特币系统是匿名的，可以全网流通，不受国界限制，犯罪分子便利用比特币洗钱以及支付非法交易。其中，最著名的就是黑市网站Silk Road，它利用匿名网站Tor建了一个比特币交易市场，用于交易毒品和其他违禁物品。

2014年比特币的暴跌，有人说是因为2013年各国媒体过度宣传导致比特币价格暴涨，价格虚高；也有人说是因为2014年中国政策的收紧导致比特币价格走低（2013年12月5日，中国人民银行等五部委发布《关于防范比特币风险的通知》），因为中国是比特币玩家较多的国家。但比特币下跌的真正原因是什么，谁也说不清楚。

2014年，在我身上也发生了一件有关比特币的事。4月22日，钢铁侠的原型、特斯拉CEO马斯克来到中国，我去位于北京大山子的特斯拉北京办事处拜访了他，当时他的行程排得很满，要见几位部长，由于我是他的老朋友，虽然没有提前预约，但他还是抽出时间和我单独聊了15分钟。我们相互交流时，他跟我提到了他的比特币丢失的事情，他感到很遗憾。听起来我觉得比特币这个玩意儿就像一款新奇的游戏一样，很酷很好玩。这是我第一次听说比特币，但当时我并未意识到比特币存在这样巨大的潜力，就这样错过了早期认识和介入数字货币的机会。

2014年，数字数币急转弯，进入波谷期，但中国的股市却呈现繁荣之势，全年上证指数的涨幅达到52.87%，成为全球股市的"牛王"。当年，我们的基金所投资的一个项目成功在创业板IPO，并迅速成为当时的牛股之一，投资回报率超过百倍。

这一年，中国的两大电商相继赴美国上市。5月22日，京东登陆纳斯达克，首日市值为286亿美元；9月19日，阿里巴巴在纽交所上市，首日市值为2314亿美元。11月19日，中国在乌镇举办了第一届"世界互联网大会"，成为媒体追逐的热点。另外还有一件有意思的事，微信在2013年发明了一个"发红包"的创意，引起春节期间国人抢红包和发红包热潮。

对数字货币来说，2014年的降温只是一个开始，真正的寒冬是在2015年。

2015年
制度认可中的价格寒冬

2015年是比特币"矿工"的一场噩梦，全年比特币价格最低探至176美元，最高时仅为453美元。这一年，大批数字货币创业者，包括"矿工"等都离开了这个圈子。比特币在价格300美元时，很多比特币创业者开始卖币为生；比特币的价格在200美元以下时，已很有人谈及比特币了。

比特币矿场创业者、墨迹天气创始人东叔便是其中的一位不幸者，由于加杠杆炒比特币以及投资了比特币矿场，2014—2015年，东叔的总亏损达到近1.5亿元。按照东叔的描述："币价最低跌至900元以下时，挖出的比特币连电费都支付不起，我不得不把所有的'挖矿'设备卖掉了，原价5000万元，卖了不到300万元。行业冷到极点，小寒（指比特大陆的CEO吴忌寒）他们的日子也极为艰难。我们的'挖矿'设备几乎找不到人接手，那个买我矿机的人我至今都对他非常感激。"曾经东叔的矿场是国内几大矿场之一，分布在山西、内蒙、四川、深圳等地，现在都已不复存在了。

也许很多人会有疑问，如今比特币都已上百美元了，相比2009年时期的几美分要高出上千倍，为何"挖矿"还会不抵成本，没能赚钱呢？这是因为"挖矿"是有成本的。比特币出现的初期，普通的计算机就可以轻松"挖矿",但发展到2014年时已经是专用矿机"挖矿"的时代了,早就从CPU(计算机中央处理器)、GPU(计算机图形处理器)芯片、FPGA(现场可编程逻辑门阵列)矿机,发展到了ASIC(专用集成电路)矿机。所以"挖矿"有两大成本:一是矿机。2014—2015年,矿机的价格为上万元/台,一台矿机一个月只能挖出约1枚比特币。二是耗电量大。以每度0.35元的超低电价计算,挖出一个币需要5000~6000元的电费。当时的比特币价格平均为300美元,这意味着,比特币在800美元以下时,"挖矿"的收益都不足以支付电费;而且,按照比特币的设计规则,耗费同样的时间,挖到的比特币会越来越少,这又在无形中增加了"挖矿"的难度。

与数字货币的寒冬相似的是,中国股市也在2015年哀鸿一片。6月12日,上证指数达到七年来最高位5178点后开始急转直下,8月26日上证指数跌至2850点的年度最低点,不到三个月累计下跌近45%,市值蒸发25万亿元,人均损失约25万元。2015年下半年,中国人民都笼罩在股灾的阴霾下,好在我并不做股票的二级市场投资,所以这场股灾只是让我的IPO项目投资回报下降,并没有让我产生其他亏损。

然而,就在比特币一片萧条和中国遭遇股灾的2015年,美国为比特币交易所Coinbase颁发了该国首个数字货币牌照。与此同时,欧盟法院裁定比特币交易可免征增值税,卢森堡发布了第一个数字货币许可证,积极推进比特币发展,这也为数字货币日后的回暖做了很好的铺垫。

2016年
新兴市场交易回暖

2016年是比特币产量第二次减半之年。按照中本聪的设计，比特币大概是每4年产量会减少一半，开始是每天产生7000个比特币，4年之后变成每天产生3500个，再过4年减少到每天产生1750个，以此类推。这意味着，开采比特币的"矿工"在成本不变的情况下所获得的比特币数量将减少，如果比特币价值保持恒定，那么"矿工"的收入也将减少。也许是受到比特币减半的刺激，2016年比特币价格开始回升，最低为年初时的368美元，最高达到759美元。

4月28日，骨灰级游戏迷都在著名游戏平台Steam宣布，接受比特币支付Steam上有9000多款游戏，覆盖全球237个国家和地区，用户人数超过8900万人，全球玩家都可以用比特币快捷方便地购买游戏。

5月2日，澳大利亚企业家克雷格·莱特在BBC称自己是比特币之父，是中本聪，但无法提供有力证据证明身份。有报道称，政府记录显示自当年2月起，他试图申请数百种比特币专利。[①]

8月3日，海外知名比特币交易平台Bitfinex价值超6000万美元巨额比特币被盗，引致币价跳水，跌幅一度超过25%。最终平台上所有用户分

---

① 2016年5月2日，澎湃新闻网《澳洲人克雷格·莱特自称比特币之父"中本聪"》。

摊总资产36%的损失，Bitfinex发行债务代币BFX"债转股"。

2016年，各国对数字货币发表了如下态度：

2016年2月，日本金融监管部门提议将加密货币纳入货币范畴，按照法定货币的支付方式进行监管；5月，日本批准了对数字货币的监管法案，并于2017年4月1日正式生效。

2016年10月，德国一家提供比特币借贷业务的公司宣布获得德国联邦金融监管局颁发的拍牌。到目前为止德国是世界少数的、针对比特币交易制定了较为清晰的监管和法规政策的国家之一。

2016年11月，俄罗斯联邦税收局宣布比特币为非法。

2016年12月，波兰财政部发表声明表示，目前的法律法规中，缺乏对加密货币的通用法律定义，但虚拟货币仍旧是征税对象。

此时的中国，也培育了一批比特币交易所，并形成火币网、比特币中国、和OKcoin三足鼎立的早期交易所格局。

在2016年，世界上发生了两起出人意料的国际重大事件：6月24日，英国民众通过公投的方式，放弃了欧盟成员国的身份，这也导致英镑暴跌，随后英国首相卡梅伦宣布辞职；11月，一个没有任何从政经历的商人当上美国总统，这个商人叫特朗普。

同年9月，中国承办了G20峰会，会议的主题是"构建创新、活力、联动、包容的世界经济"，这是中华人民共和国成立以来规格最高的国际政治会议。9月7日，中国标杆性区块链项目小蚁的全球ICO（首次代币发行）众筹在持续一个月后也落下帷幕，共计筹得6129个比特币，价值超过2500万元人民币，是当时国内最大的ICO众筹项目。12月20日，在深圳市政府的指导下，平安集团、招商银行、微众银行、大成基金、火币等国内外40多家知名金融机构，共同成立全国首个中国（深圳）Fintech数字货币联盟。

2017年
历史高价资本参与的繁荣

卧薪尝胆三年，以比特币为首的数字货币在2017年全面爆发，一片繁荣。

根据OK区块链研究院的统计，2017年全球数字货币总市值规模一度突破6000亿美元，数字货币种类达到1334种。在1334个币种中，2017年度实现增长的有980个，占比73.46%。在实现增长的币种中，有3个币种年度涨幅超过10000倍（ABC、PURA、XVG），11个币种年度涨幅超过1000倍（ZNY、QORA、XBY、THC、PIVX、GRS、BCC、NYC、CHC、ZOI、WC）。

2017年，区块链、ICO、Token这些新名词几乎在一夜之间飞入寻常百姓家。敏锐而渴望财富的中国人也并没有错过这一重要的时代，2017年造富了一大批中国数字货币创业者、信仰者、投机者和炒币者，包括李笑来、吴忌寒、徐明星、火星人、李林、赵长鹏、何一、老猫、帅初等早期的比币特布道者。

3月，一个名为量子链的区块链项目进行了ICO，认购价不到3元，一个多月后被炒到60元。6月25日，被称为是比特币首富的李笑来投资的一个叫EOS的区块链项目，在五天内完成了1.85亿美元的融资，上线交易后，价格迅速从5.87元的发行价涨到50元。7月10日，李笑来推出了自己投资的第二个ICO项目Press One，这个项目连白皮书都没有，但由于有李笑来的备书再加上当时市场的狂热，Press one依然募集到了价值约1.5亿元的BTC、ETH和EOS。7月，知名天使投资人薛蛮子也冲进了区块链市场，他在短短8天时间投资了12个区块链项目。另外，数字货币交易平台界也出现一位后起之秀，赵长鹏在7月份创办了币安网，并一跃成为全球交易量最大的交易所，而程序员出身的赵长鹏，从普通码农变为亿万富翁，只用了半年时间；8月1日，比特币进行了第一次硬分叉，其分叉币比特现金（BCH）诞生。

2017年比特币一路高歌，最高价为12月18日的19875美元，全年涨幅累计超过2400%。数字货币的火爆，再次让世界刮目相看，世界各国普遍开始拥抱数字货币的这一变化。

2017年2月，菲律宾央行正式将比特币交易所当成汇款公司进行监管，并将比特币视为合法支付方式。

2017年4月，津巴布韦向比特币交易平台BitMariv发放了许可证。

2017年5月，马耳他政府采取了一项广泛的国家战略，接受比特币和区块链创新技术。

2017年6月，俄罗斯央行行长表示，比特币是一种数字资产，而非虚拟货币。直到目前，俄罗斯已经有了官方批准的交易平台和挖矿公司，俄罗斯对数字货币的态度正式从反对转变到了谨慎支持。

2017年7月，澳大利亚官方称，比特币与货币同等，且之后将不受双重征税制约。

2017年7月，日本停止收取比特币8%的交易税。同年9月，日本颁发了第一批交易所牌照。

2017年9月，韩国金融服务委员会宣布，将对数字货币进行监管。

　　不过，中国对数字货币的态度是个例外，2017年9月4日，中国人民银行等7部委发文叫停代币发行融资[①]。10月底，中国三大比特币交易所全部停止比特币与人民币的兑换法币兑比特币的业务，但据我所知，它们并没有停止运营，而是纷纷转战海外，回避监管。

　　与中国一海之隔的韩国，比特币却盛行一时，据传韩国有三分之二的民众在参与数字货币交易。我的朋友曾做了一个测试，上一年他在韩国打出租车，顺便问了一下出租车司机玩不玩数字货币，没想到出租车司机不仅炒币，而且还是信仰者，为了证明自己炒币，他还将自己的手机递给我朋友看。

　　2017年，你会发现，世界真的变了。这个时代，如果你不去热情地拥抱变化，那么很可能你会无法在这个时代的舞台上站立。

---

① 2017年9月4日，中国人民银行、中央网信办、工业和信息化部、工商总局、银监会、证监会、保监会联合发布《关于防范代币发行融资风险的公告》。

2018年
万众创新驱动的野蛮生长

挪威也是比特币繁荣发展的国家。2018年年初，我去挪威探访时，当地的一位比特币传奇少年还带领我参观了他的矿场。比特币在挪威的发展超乎了我的想象。这个并不出众的小国家，是在以大国的心态接纳新事物。

当然，在这个世界上，也存在着一群不看好比特币的人。比如，股神巴菲特就对比特币不感冒，他认为比特币等加密货币属于一种投机行为，不属于投资，背离了他的投资价值方向。巴菲特在2018年伯克希尔哈撒韦年度股东大会召开前夕接受采访时表示："如果你买了一个农场、一套公寓，或者对一家企业感兴趣，你可以基于私人感觉做这些事情，这完全符合投资。你关注投资本身，期望获得回报。如今，如果你买了比特币或一些加密货币，这些东西不会产生任何东西，你只是希望下一个接盘者付出更多。"

当然，巴菲特对比特币的否定态度，应该说让人并不意外。众所周知，巴菲特钟爱可口可乐、Costco这类公司，它们都是典型的传统经济，巴菲特对新经济始终缺乏信任。事实上，巴菲特错过了很多高科技的潜力股，20世纪90年代错过了微软，2000年错过了谷歌，后来又错过了亚马逊。他的投资理念是，永远只看能产生现金流的实实在在的生意，并相当重视财务数据。

世界在变，人的思想也在变，数字资产世界也在不停地变化。2018年1月23日，信用卡服务提供商 Aliant Payment 发文表示，目前该公司的支付系统已经支持使用以太坊向商家进行支付，莱特币的支付解决方案还在最后的测试阶段。1月26日，美国股票交易平台 Robinhood宣布，2月开始将为加州、马萨诸塞州、密苏里州、蒙大拿州和新罕布什尔州五大州的客户开通比特币和以太坊交易服务，并添加16种主流加密货币的价格跟踪。6月，一家叫Fcoin的数字货币交易所引起了大量关注，因为开创了"交易即挖矿"的模式遭到热捧，其上线的平台币FT在短短两个星期之内上涨了100倍，Fcoin也一举成为当时全球交易量最大的交易所。虽然Fcoin火了不到两个月交易量就回落了，但它的出现掀起了一波"交易即挖矿"的热潮，后期出现的数字货币交易所纷纷效仿这样的模式。7月，"币改"和"链改"成为最吸引眼球的关键字，币改是指企业或者其他组织形态通过区块链技术将自身价值Token化，改变现有组织结构、财富分配、价值流通模式，再造一个全新的经济权益体系，由于"币"字较为敏感，最终更名为"链改"。8月4日，QOS作为币改的试水项目在Fcoin上线发行，全球定量发行100亿枚Token，募资5万枚ETH，募资规模折合人民币为1.5亿元。只是QOS上线不到一周，币价就缩水了80%，继而它的模式也引发巨大争议，由于中国对ICO是明文禁止的，QOS也被认为有非法集资的嫌疑。

数字资产世界千变万化，不乏磨励，不乏惊喜，但不论波澜如何，比特币早已不是原来0.0025美元的比特币，截至8月底，比特币为6000美元/枚左右。试想，如果2010年你用1美元（约6.2元人民币）换了一些比特币，并长期持有，那么现在你已成为传说中的千万富翁了。然而，时间不可能倒流，这个世界上也没有那么多"如果"供我们选择。

2008—2018年，这是数字货币的第一个十年，从质疑到认可，从低谷到火爆，这一切都证明了数字货币存在的价值。未来，它还会有无数个十年，期待有更多精彩的故事出现，到时候由年轻人来讲给大家听，可好？

第二章

数字资产世界——币圈群雄

数字资产世界是一个不折不扣的"江湖"。"江湖"中有这样一帮人，他们以敢为天下先的本领，在数字资产世界征战多年，修成了盖世"武功"。这些"大侠"神出鬼没，神秘莫测，谁也不知道他们身在何处。为此，我从数字货币链条上的几个节点归纳了八大"豪侠"，接下来容我一一介绍给你们（排名不分先后）。

数字资产世界

SHUZI ZICHAN SHIJIE

薛蛮子

鹤发童颜，顽皮的秉性，币圈的风云人物。

在数字货币的"江湖"中，有一位年长的人物，他天生是个乐天派，喜欢新奇的人和事，那就是薛蛮子。薛蛮子进入这个"江湖"并不算早，但却以不拘一格的行事和投资风格在圈内迅速成名，对待区块链项目只要和创始人谈几分钟就可以拍板投不投资，活得十分洒脱。

薛蛮子其人

薛蛮子满头白头，留着的长长的胡子，性格旷达豪爽，笑起来时一副放浪形骸的模样。他酷爱并精通历史，每次我们见面，他总是说着说着投资的事又把话题转到了历史事件里，他甚至连这些历史事件发生的具体时间都能说得清清楚楚。薛蛮子是一个拥有多重标签的人，外界对他有各种各样的评价，由于他很喜欢和女性打交道，外界老拿此事开涮他，但他好像并不在意。

在进入数字资产世界之前，薛蛮子最主要的标签是天使投资人，并曾被冠以"中国第一天使投资人"的封号。薛蛮子喜欢传统文化，但他投资的项目却都是新兴产业，如电商、通信、传媒等。我是做通信企业出身，后来进入投资领域，也钟爱新兴产业，共同的投资兴趣让我们很快就成为了朋友。

薛蛮子在投资界，根基稳，资历深。1953年出身的他，是美国上市公司UT斯达康创始人之一，曾担任中国电子商务网8848董事长、中华学习网董事长等职务。薛蛮子很早就是一位成功的天使投资人，曾荣获2008（第二届）中国创业投资价值榜的"最佳天使人奖"。他投资的项目包括PCPOP、265（后被Google收购）、李想的汽车之家、方三文的雪球财经以及杜子健的华艺百创等。

数十年成功的企业运营经验和投资经历，让薛蛮子练就了一身的本领，成为业内公认的老前辈。正如逍遥老祖的"逍遥御风"，让人望尘莫及，而这一切皆源于他的国外求学经历。在薛蛮子还是少年时，他父亲的一个决定改变了他的一生。

1978年，中国恢复高考，薛蛮子考入中国社会科学院中外关系史研究生，1979年获得中国社会科学院中外关系史硕士；而他的父亲想让他去美国深造，说美国是世界上信息最发达的国家，一定要去看看。在研究生读书期间，薛蛮子认识了简慕善（美国人，美国大使馆美中交流协会代表，伯克利加州大学东方语言文学系主任，曾随尼克松总统访华），他为薛向加州大学伯克利分校写了一封推荐信。1980年，薛蛮子获得加州大学柏克莱分校每年2万美元奖学金，前往美国读书。所以，薛蛮子可以说是早期去美国留学的"红二代"，而这也成就了他日后的投资事业。

薛蛮子在国内求学时期，有一件必须提及的中国现代经济史上的大事件，那就是1978年3月召开了全国科学大会。这次会上，邓小平提出"科学技术是生产力"和"知识分子是工人阶级的一部分"的重要论断，所以这一年称为科学的春天和知识分子的春天。薛蛮子前往美学深造那一年，中国批准成立了第一家中外合资企业——北京航空食品有限公司，并于1980年5月1日在北京挂牌。首批被批准的中外合资企业还有中国迅达电梯有限公司、新疆天山毛纺织品有限公司、北京建国饭店、北京长城饭店、天津王朝葡萄酒公司等。

薛蛮子身上有很多优点，乐于分享信息和机会。如果有多人同时去找他谈事，他不会像常人那样和别人一个个谈，而是会把全部人组织在一起，一起谈，让大家互相认识，都成为朋友。他经常在别人面前讽刺自己，不怕露短。

事业上成功的薛蛮子，生活却很节约，吃得很简单。有一回，我在日本时请他去米其林用餐，他特别高兴，一直说很好吃。临走时，他还把米其林桌台上的手绢带回了家，可爱之极。他的一日三餐每顿吃饭团就可以打发，但他对真心交往的朋友还是很讲义气的，对我也很大方。我们在日本见面，他都会邀请我住在他家里，而依照他的个性，是不会留宿别人的。还有一回，他在泰国订了一间一万元/晚的酒店，突然临时有事住不了，他便执意让我去住。我说要不你退了吧，他说退了干嘛，就留着给你住。

缘起瑞波币

薛蛮子的数字货币的"江湖"地位，缘起于瑞波币（XRP）。

薛蛮子第一次接触数字货币是在2014年，当时他在无意中看到了财新杂志的一篇文章《Ripple的高大上之路》。嗅觉敏锐的薛蛮子，第一眼看到XRP，就感觉它是个好玩的东西。好学的薛蛮子是一个肯放低身段向别人学习的人，他连忙去请教90后"小朋友"孙宇晨（移动社交应用陪我APP创始人兼CEO，锐波创始人兼CEO，《财富自由革命之路》发起人）。为此，薛蛮子系统地研究了虚拟货币的发展史，研究了大半个月，终于弄明白了XRP是什么。

后来，薛蛮子开始行动了，投资了XRP。对于这项投资的初衷，他说："其实买不买XRP并不重要，重要的是保持年轻的心态，对好玩的东西有一颗童心。"

他曾在微博上公布自己投资瑞波币的事，当时颇受争议，有人认为他只是为了炒个短线，赚点闲钱而已。对此，薛蛮子直面回应说："老汉我是天使投资人，这种人一般都是在所有人不看好的时候进去，枯坐十年，愿者上钩。UT斯达康、8848、汽车之家、雪球财经，都是这样。其实各位就看看，就像看世界杯，一点球都不赌，就安安静静地见证一切，也挺好。因为这不是一个投资机会，这是一场革命。"

投资XRP数月后，XRP二级市场价格大涨，这也让薛蛮子对数字货币的信心大涨。2015年1月25日，他在微博中再次发声："买瑞波币（XRP）数月来，XRP价格也已经从我当初写文章时的0.029涨到了0.151，涨了420%，听了我故事的人，大多赚了钱，而且赚了不少，同时期的优秀投资标的，上证指数涨幅为49.61%，同期美国道指为8.82%，而A股市场涨幅最好的券商股涨幅不过是141.58%，都远远低于XRP的涨幅。"

保守估计，薛蛮子投资XRP的成本大约为0.02美元，如今XRP达到0.7美元，累计上涨3400%。

游玩币圈

初入数字资产世界，薛蛮子旗开得胜。有了投资XRP的成功经历，薛蛮子开始专注数字货币和区块链项目，如今已经投资了不下20个区块链项目，比如量子链、比原链、墨链、唯链等项目。

四年时间，薛蛮子从传统圈里的天使投资人转身为币圈和链圈的天使投资人。如今，薛老在币圈的著名事件还包括他发起的蛮子民宿，蛮子民宿在一家"多彩投"众筹平台上线，据说一秒抢光400万元，众筹预约金额更是达到了3667万元。薛蛮子的民宿项目已经在日本东京落地，他用比特币买下了100多幢民宿。2018年，我曾特意去日本参观过蛮子民宿。

薛蛮子总做一些让大家觉得不可思议的事情。近期，他又提出要依靠蛮子民宿发行蛮子币，用于在蛮子民宿流通……

很多人好奇，65岁的薛蛮子为何还能引领潮流，在投资圈中芳华永存呢。依我对他的了解，除了资深的投资经验外，主要有两点：一是他总能保持一颗童心，永远在学习。他在数字货币低谷期的2014年投资新兴的瑞波币就是最好的例子；二是他的人缘极好，不管是他同一时期的知名投资人，还是如今的新生代投资人，或者是其他圈中的人，都有他的好朋友。

患难见真情，在2013年他因桃色事件被治安拘留时，平时总是当众揭他短的熊晓鸽（IDG资本全球董事长）非但没有落井下石，还四处咨询法律界人士，希望能为薛蛮子提供一些法律援助；而中泽嘉盟投资基金董事长、数字中国联合会主席吴鹰，也是特意去拘留所探望薛蛮子。

薛蛮子2017年生日时，"半个投资圈"的人都来了，包括雷军、周鸿祎、阎焱、徐小平、黄明明等；薛蛮子2018年生日时，"整个币圈+链圈+投资圈+互联网圈+娱乐圈"又沸腾了，真格徐小平、了得资本易理华、隆领资本蔡文胜、FBG周硕基、Qtum量子链帅初、分布式资本沈波等大佬都在"3点钟区块链"群里发红包为薛蛮子庆贺。

薛蛮子的身上还有这样一股江湖侠气，他从不在乎你的背景，只要你足够优秀，能带来新鲜、好玩的东西，他都喜欢。最典型的案子就是朱潘。

2017年4月的某天，薛蛮子收到了一条陌生人发来的微信，称已经黑了他的微信、微博以及邮箱。薛蛮子不信，破口大骂对方是骗子。但随后一个视频传到了薛蛮子手机上，薛蛮子这才真正相信自己被黑了。视频里有一位年轻人，在计算机上输入了一连串的密码，薛蛮子的微信、微博和邮箱便被一一打开。

这个年轻人，名叫朱潘。当时朱潘正实施自己新的创业项目——

4931游戏交易平台，遇到资金困难。因为他听人说薛蛮子是中国天使投资第一人，所以把薛蛮子当成了攻击对象。薛蛮子觉得这个年轻人蛮有意思，当场就安排了第二天的见面。后来他和朱潘只聊了短短15分钟，就敲定了上千万的天使投资。朱潘的命运由此被薛蛮子改变。

薛蛮子的兴趣和能量，一直都在颠覆我们的想象。

元道

技术偏执狂，中国早期的区块链布道者，通证经济的倡导者。

在数字资产世界，我发现一个很有意思的现象，较早一批炒币并获得巨额回报的人，大多数都是在传统主流经济中的"边缘人"，他们中的绝大多数都非常年轻，在传统经济中既没有资金，也没有资源。但这些人头脑灵活、动作敏捷、敢于冒险，抢先一步冲入区块链的新大陆，数字货币是他们拥有的第一种有价值的资源，炒币是他们从事的第一份高回报的工作。

不同于币圈疯狂的"草根"炒币者，链圈聚集的多为高学历、高技能的技术狂热者，他们坚信区块链是一个可以颠覆世界的技术，他们全心全意钻研技术，以推动区块链的场景应用；而中国最早的区块链布道者，恐怕非元道先生莫属。

区块链技术伴随着比特币的出现而产生，但那时还没有区块链这个叫法，它只有一个英文名字，为"blockchain"。2013年，元道在偶然的机会中关注到blockchain，在互联网技术领域深耕近二十年的他了解到这项技术后，非常兴奋，认为这是一个伟大的发明。后来，元道将"blockchain"翻译为"区块链"，并开始普及区块链的知识。所以说，如今区块链在中国得到广泛普及，少不了元道的一份功劳。

在2018区块链技术及应用峰会上，元道依然不忘普及区块链存在的意义。他说，区块链不是一般的技术，也不是一个脉冲，不是个快速出现的脉冲，它是一个对人类文明进程会有重大影响的发明。从人类文明的演进历史来看，区块链的诞生是价值互联网的表现，对于价值互联网来说，真的是一切才刚刚开始。

元道还预言，不久之后就会出现官方数字法币、加密数字虚拟币、通证"三位一体"的区块链新经济模式。数字法币是由国家信用背书的官方数字货币，加密数字虚拟币是区块链信息基础设施，而通证则代表着广泛的区块链应用。这样，不但通证背后的价值得以坐实，而且区块链通证在降低交易成本、提升协作水平、强化市场信号、优化组织关系等方面的意义将得以显现。

元道是一家纳斯达克上市科技公司的董事长，同时也是中关村区块链产业联盟理事长，清华大学互联网产业研究院副理事长，区块链"通证经济"的提出者与倡导者。

元道1991年毕业于清华大学电机工程系，他在互联网基础设施领域拥有20余年从业经历，深谙国内外产业发展动态，是国内为数不多长期专注网络空间基础设施创新与发展的企业家。

我和他相识十几年，他做企业，我也做企业，由于我们的企业都同属通信行业，所以交流得比较多，关系比较密切，十几年前他买房时还不忘推荐我和他一同买房做他的邻居。我们并不常相聚，但却是那种打一个电话就可以马上见面的人，一见面就无话不谈。前不久我在电话中约他见面，他马上就推掉了手头的事务和我见面，两人久别重逢，相聚甚欢。

有一回，我问他，为何取名为"元道"，有什么深层的含义。他说，区块链是一个"道"（出自《道德经》的"人法地，地法天，天法道，道法自然"，寓为能量）；而"元"是开始的意思，他想成为研究区块链的中国第一人，所以取名为"元道"。可见他对《道德经》和区块链的理解都非常深。

他说话比较实在，让人感觉真实，这也是他和其他跑"江湖"的人最大的不同。

元道是一个自始至终都走技术路线的人，一个真正坚持研究技术的人，我从来没见他退缩过。他耐得住寂寞，做技术项目从不怕投资长，见效慢。我想，这也是技术男最可爱的地方吧。当然，这也是奠定他的"江湖"牌位的重要根基。2018年5月，他开创了行业先河，投资了一家"交易即挖矿"的交易所Fcoin，并迅速走红。5月24日，Fcoin开始交易；6月6日，Fcoin开启分红模式，平台上通过刷交易量来获得平台币分红，进而带来平台交易量的暴增，也导致了平台币的大量流动和增值；6月15日，Fcoin的24小时交易量达到了307亿元，超过了97亿元的OKEx、92亿元的币安、54亿元的火币之和，这三位一直是交易所交易量排行榜的前三位。Fcoin开创的"交易即挖矿"模式，也引来了交易所的纷纷效仿。不过，随着时间的推移，Fcion的热潮逐渐冷却，如今又开始受到一些争议，但这不并影响Fcoin在"交易即挖矿"交易所行列中的领头地位。

元道告诉我，他有一个理想，就是做全世界最好的公链。他已集结一个研究团队，正潜心做区块链技术研究。他说，现在中国赶上最好的时机，如果这时候不做，就错过了。

吴忌寒

比特币矿机全球第一霸主，比特币隐形富豪。

在中国的数字资产世界，有这样一个人，他修得一手独门"武功"，少年成名，被公认为是数字货币矿机"江湖"的第一高手；他看起来少年老成，不苟言笑，看起来深不可测，他，就是比特大陆CEO吴忌寒。

吴忌寒原来只是一名金融分析师，机缘巧合接触到比特币，并成为第一个将比特币白皮书翻译成中文的人。没想到，这位能量十足的年轻人还创造了一个奇迹，将比特币矿机做到了全球第一，从此名震数字资产世界。

浅尝比特币

吴忌寒，80后，北京大学毕业，拥有心理学和经济学双学位。2009年从校园中走出的吴忌寒，成为了风投公司的一名分析师。两年后一次偶然的机会，吴忌寒听说了比特币，顿觉兴奋不已，一口气花了三天时间去研究比特币投资的技术面。作为一名分析师，他专业的技术分析告诉他，比特币是一个值得投资的项目，尽管这还是一个新事物，可能要冒很大风险，但投资不就是风险与收益共存的么。考虑完这些后，胸有成竹的吴忌寒当机立断，决心赌一把。吴忌寒募来了10万元资金，全部买了比特币，单价约10美元。幸运的是，2011—2013年比特币一直呈上涨状态，尤其是在2013年11月，价格最高达到1242美元，吴忌寒的投资收益也因此达100多倍。不过吴忌寒说，他是在2014年清盘的，那时比特币已回落。然而，即便以全年最低价293美元来算，吴忌寒的投资也至少获得了29倍的回报。

尝到投资比特币的胜利果实之后，吴忌寒对比特币更加有信心了。也是在2011年，吴忌寒和好友长铗（科幻作家）一起创办了比特币信息交流网站巴比特。恰好是巴比特这个平台，又带领吴忌寒干了一件具有历史意义的大事。2011年年底，他把中本聪的比特币创世论文《一种点对点的现金支付系统》翻译成了中文，由此奠定了他在中国的比特币布道者地位。

从浅尝比特币投资到实现财富自由，吴忌寒用了两年的时间。如果说2011年他自己募资自己炒币只是赚了第一桶金的话，那么2012年他对烤猫公司开发的芯片的投资，就是真正财富自由的开始。2012年8月，一个叫"烤猫"的比特币玩家在深圳宣布要制造ASIC矿机，并通过一个"虚拟IPO"项目在线筹款，按照0.1比特币一股的价格，发行了16万股，购买股票者可以分红。当时吴忌寒用1500个比特币买了烤猫15000股虚拟股票。没想到，烤猫公司开发的这个芯片实际上就是"世界上第一个比特币挖矿芯片"。一年过后，烤猫的矿场每个月都能挖出近4万个比特币，而吴忌寒也因此身家大涨。

深耕矿机

自2013年比特币风靡全球后，中国的数字资产世界也风云四起。

吴忌寒意识到，获取比特币成本最低、风险最小的方法，就是拥有可以自主支配的矿机。于是，2013年上半年，吴忌寒联合毕业于清华大学的技术大牛詹克团成立比特大陆，潜心研发制造比特币矿机。

6个月后，比特大陆自主研发的55nm比特币挖矿芯片BM1380，以及基于BM1380芯片的蚂蚁矿机（AntMiner）S1上市，这是它的第一代蚂蚁矿机。

如今，比特大陆已在矿机领域称霸。根据最新数据显示，蚂蚁矿机在全球占有的市场份额已高达70%～80%，是全球最大矿机生产商；同时，比特大陆还自己挖矿，直接掌握着30%左右的比特币全网算力。美国投行伯恩斯坦（Bernstein）2018年2月21日发布报告称，比特大陆2017年的营业利润为30亿～40亿美元。

对此，"江湖"传言，吴忌寒可能是持有比特币最多的人，多达六位数，是真正的比特币首富。不过，对于自己的持币量，吴忌寒始终只字不提。

2017年，吴忌寒又干了一件惊天动地的事，他主导了比特币史上的第一次硬分叉，创建了比特币现金（BCH）。2017年8月1日，BCH正式诞生。BCH和BTC的主要区别在于：前者主链上的区块比后者大，目前可扩容至8MB，而BTC主链上的区块为1MB。在BCH诞生后的一段时间里，基于经济效益，很多比特币矿工转战去挖掘比特币现金，BCH也因此变得火爆起来。截至2018年9月7日，BCH市值达87亿美元，全球排名第四。

吴忌寒，这个比特币发展史上的重要人物，接下来又将以怎样的事迹载入史册？我们拭目以待。

赵长鹏

全球最大的数字货币交易所创始人，六个月创造了近20亿美元的财富。

总有奇迹般的故事在数字资产世界发生。数字货币交易所币安（Binance）CEO赵长鹏就是其中的一个典型。时势造英雄，尽管赵长鹏在2017年7月才创立币安，自立门户的时间稍晚一些，但这并不妨碍他的一鸣惊人。仅半年，赵长鹏就进入了福布斯数字货币富豪榜的前三甲。

创立币安

赵长鹏的一大特点是出身技术派，这也是他能够迅速一鸣惊人的基础。在创办币安之前，他曾经在彭博社、Blockchain.info、OKCoin等机构担任重要的的技术领导职位。这些区块链项目经历也造就了现在的赵长鹏，Blockchain.info为知名数字货币钱包，OKCoin则是中国知名比特币交易所。

离开OKCoin后的赵长鹏于2017年7月创办币安，定位于数字货币的交易平台，主打国际化、币币交易的策略。币安网上线同月，币安币也同步ICO，并募集到约1500万美元的数字资产，这也为币安的发展奠定了资金基础。

创立币安，赵长鹏的技术出身优势得到极大的发挥，由于他对交易系统的开发有深刻认识，所以币安的交易系统稳定性高，用户体验也比较好，再加上赵长鹏还招募了他在OKCoin时的搭档何一，币安从此一鸣惊人。何一有着"币圈女神"之称，据说她曾在OKCoin平台上完成了24小时之内超30亿元的交易，拥有极其强悍的运营经验。何一为币安带去了鲜活的运营能力，她通过主办各式各样的交易大赛，创造了很多给用户的优惠及返利活动，从而大量吸引忠实用户，这也为币安的腾飞注入了强心剂。

2018年的1月10日，币安宣布它的全球注册用户已经超过了500万人，跃升为世界最大的交易所之一。根据币安披露，他们的用户38%位于美国，第二大交易市场是日本，支持约120种加密货币和100多个钱包，并拥有240多个交易组合。

转战海外

然而，就在币安成立不到两个月，中国央行的一纸公文让国内的数字货币交易平台顿时陷入绝境。2017年9月4日，中国人民银行等七部委发布《关于防范代币发行融资风险的公告》，定性ICO融资为非法，并要求交易所停止相关交易。当日，数字货币市场集体暴跌，哀鸿遍野。

所幸的是，币安从一开始就将自己定位为国际化。赵长鹏和他的合伙人何一迅速将人员和服务器转移到海外，转而开拓美国、日本、韩国等国际市场。原本就拥有国际基因的币安很快就成功突围。

这次事件之后，李笑来投资的云币网、李林的火币网、徐明星的OKCoin等数字货币交易网站相继关闭了国内用户的交易通道。币安也在2018年2月1日正式发布公告表示不再为中国大陆地区用户提供服务。也在这个月，赵长鹏成为全球数字货币圈的焦点。

2018年2月8日，福布斯发布了首个数字货币领域富豪榜，赵长鹏位居第三位，其加密货币净资产估值为11亿～20亿美元。排名第一和第二的分别是瑞波币创始人克里斯·拉森（Chris Larsen ）和以太坊联合创始人兼区块链公司ConsenSys首席执行官约瑟夫·鲁宾（Joseph Lubin ）。

福布斯2018年2月杂志的封面人物也是赵长鹏，他穿着黑色卫衣，戴着帽子，一只手放在额头，脸上没有笑容，眼神犀利，气场十足。

V神（Vitalik Buterin）

天才少年，区块链2.0项目以太坊的创始人。

一个叫Vitalik Buterin的少年，在17岁时，偶然从他那计算机科学家的父亲口中得知了比特币，他为此深深着迷，陆续写了上千篇文章，深入研究比特币和区块链。两年后，刚上大学一年级的他主动休学，带着一个自己创办的区块链项目——以太坊，全身心迈进了区块链和数字货币的世界。没想到，以太坊（ETH）迅速火爆全球，一跃成为全球第二大数字货币，仅次于比特币；而这位天才少年，从此也被业界尊称为"V神"。

奇幻少年

V神，1994年出生于俄罗斯，他有一双明亮的蓝眼睛，身材消瘦，脸庞稚嫩。然而就是这样一个看起来并不起眼的少年，将区块链技术从1.0时代更新到了2.0时代，并成为链圈和币圈炙手可热的人物。

5岁时，V神的父母离异，他随父亲从莫斯科移民到了加拿大多伦多。孩童时期，他就已显现了天才禀赋，他4岁时收到的来自父亲的礼物是一台计算机，不同于一般孩子，他并喜欢玩计算机游戏，而是痴迷于用微软Excel撰写能自行计算的程序，这台计算机以及父亲送他的计算机科学书籍，成了启蒙他成长的重要物品。小学三年级时，V神被认定为具有数学、程序设计方面的天赋，因为他心算3位数的速度快过同年龄小朋友的一倍。12岁时，他就能用编程语言C++撰写简单的游戏给自己玩。这听起来有些不可思议，但这只是开始。

V神17岁那年，即2011年，他的父亲——一位计算机科学家，把自己发现的新奇玩意比特币介绍给了他，起初V神没有太在意，后来了解到什么是比特币之后，他的想法发生了重大转变，他开始思考如何赚得比特币，于是他便想到为《比特币周报》（Bitcoin Weekly）撰写文章，探讨比特币的技术发展以及潜力。

据说，当时V神的每篇投稿可获得5个比特币稿费，依当时价格计算，5个比特币价值仅为4美元，但他乐此不疲。通过写文章，V神对比特币和区块链技术的认识更加深入，并在2011年9月以联合创始人以及主要撰稿人的身份同罗马尼亚程序员Mihai Alisie创建了《比特币杂志》，这是一份实体和在线的出版物，被业界称为第一批专门的加密货币出版物，而这也奠定了V神的"江湖"地位。直到2015年被收购前，该杂志积累了大概150万名读者。

2012年高中毕业后，V神考入以计算机科学闻名的加拿大滑铁卢大学，但入学仅8个月就休学了，因为他每天忙于参与比特币的活动，没有精力上课。2013年，V神毅然休学，然后开始走访美国、西班牙、意大利、以色列等比特币开发者社群，加入比特币的转型工作。有意思的是，当年那些他靠写文章赚来的比特币，在2013年最高涨到了1242美元，一度超过了黄金的价格，V神也因此拥有了人生第一桶金。

创办以太坊

2013年11月，19岁的V神发布了《以太坊白皮书》，向外界介绍他的区块链项目——以太坊，并开始募集开发者。以太坊是一个开源的有智能合约功能的公共区块链平台，通过其专用加密货币以太币（ETH）

提供去中心化的虚拟机来处理点对点合约。

次年7月，V神启动以太坊计划——众筹计划，规定每枚比特币可兑换2000枚ETH，造成大轰动，42天在全球募集了3.1万个比特币（约合1840万美元），成为当时最大规模的ICO项目。后来以太坊项目被称为区块链2.0，进一步解决了比特币区块链处理速度慢的问题。因其对区块链技术做出的贡献，V神打败了Facebook创办人扎克伯格，获得2014年IT软件类世界技术奖。

虽然已经成功创办了以太坊，但V神其实并不擅长演讲，他的语速极快，但眼神坚定，他说："这将是一个去中心化、绝对平等，充满效率和信任的世界。"由于是技术出身，他的演讲内容总会出现很多专业术语。

V神很看好中国市场，2014年至今，他曾多次来到中国推广他的以太坊项目。据V神自己讲述，他第一次来中国是2014年5月，那时候中国只有比特币矿工和火币、OKCoin之类的交易所；第二次来中国是一年后的2015年5月，他拜访了早期区块链项目投资人沈波；第三次是2015年10月，那时是去参加万向控股举行的区块链峰会；2016年1月，V神来到了北京，很多公司都表示愿意和他合作。值得一提的是，2014—2015年，V神还特意学习了中文。2016年3月14日，V神应巴比特社区之邀，跟中国用户交流时，他是用流利的中文进行问答互动的，实为让人惊汉。

不过，封神了的V神，仍然是个耿直的男孩，他曾怼过澳洲那位自称是中本聪的人，说"究竟是谁允许这个骗子在上面讲话的"；也曾怼过波场创始人孙宇晨，说"波场就是个垃圾，不服来战"；他还曾怼过EOS项目创始人BM，质疑DPOS机制。V神创造的ETH，截至2018年9月7日，ETH市值为202亿美元，早已是全球第二大数字货币，但此时的V神依旧只是个24岁的大男孩。

BM（Dan Larimer）

三个鼎鼎有名的区块链项目Bitshares、Steemit和EOS的创始人。

曾与比特币创始人中本聪叫板，连续成功开发了三个鼎鼎有名的区块链项目，全球区块链技术最早的布道者，这些都是十大主流数字货币中的EOS创始人Dan Larimer（以下简称BM）拥有的亮丽背景。

BM是一个区块链项目的连续创业者，其于2017年6月众筹的EOS在上线之日起就得到了中国投资者的热捧，并迅速成为了全球主流的数字货币。他的成功，似乎是一种必然，因为作为全球最早一批研究数字货币和区块链技术的人，BM始终在探索新的可能性。

据BM讲述，早在2007年，他就已经开始探索自由主义之路了，他想获得一些技能，让自由市场来保障自己的自由和财产。一次偶然的机会，他上网找与"数字货币"有关的信息，结果一头撞见比特币，那是在2009年，比特币刚出现时。当时他被比特币震惊了，他确信它就是自己要找的东西。

至此以后，BM开始研究比特币，活跃于各大比特币论坛，并与中本聪在网络上直接对话。由于BM认为比特币10分钟出一个区块以及TPS只有2～3笔有局限性，为此他还与中本聪发生了激烈的争论。

虽然那段时间BM对数字货币和区块链技术已经在做深入研究，但BM并没有全职投入加密货币行业，他只把这当成爱好。直到2013年，

BM才全身心挺进区块链行业，创办了他的第一个区块链项目，叫比特股（Bitshare），这是一个加密货币交易所。

比特股是一帮科技创业者在研究比特币后创立的项目。BM招募创业合伙人的过程也很有意思，当时他在bitcointalk.org论坛上阐述自己创办交易所的观点，引起了激烈讨论，后来论坛上的朋友介绍，认识了一些数学家和科技创业者，他们一起研究完比特币白皮书后便凑了50万美元，创立了Bitshare。当时，世界上只有三种币：比特币、克隆比特币的币和瑞波币。除此之外没有其他的区块链应用，所以也没有更多经验可以借鉴，开发过程也异常艰难。虽然最后Bitshare开发成功了，但由于BM和团队发生了分歧，最终BM只能离开。

离开Bitshare后，BM又开始研究新的区块链项目，并创办Steemit。这是一个去中心化的社交媒体网络（类似于能赚钱的博客），当时他是想用它来解决一个问题：降低人们进入加密货币领域的门槛。

Steemit的理念是以写博客的方式挖矿，写博客的人和比特币矿工一样，都有资格从劳动中获得收入，这些钱用去奖励内容生产者，而用户通过转发、点赞、评论也可以获得奖励。这对传统的博客平台是一种颠覆性的挑战，Steemit很快就流行起来，它的代币（WTEEM）市值最高时曾排名全球第三，至今Steemit依然很活跃。

2017年，BM离开了Steemit，转而投入EOS的创立。EOS是一个公有链项目，它吸取了BM前两个项目的技术经验，拥有漂亮的光环，所以EOS白皮书发布后获得了市场的巨大关注；同时，由于明星人物李笑来与BM是好朋友，他投资了运营EOS项目的Block.one公司，所以，EOS的众筹极为火爆，5天就募集了1.85亿美元，BM也成为区块链全球领军的人物之一。

BM是区块链技术的信仰者，他说："通过区块链技术，我们可以自我组织，实现自由。"

肖风

万向控股副董事长,分布式资本合伙人,早期区块链投资领域的教父级人物。

曾经在传统金融圈叱咤风云,如今又在区块链投资领地域占据鳌头,肖风的Power正如他的名字一般,有时像股台风强劲无比,有时又像微风润如雨。肖风发表言论说:"区块链创造了一个新的世界,它就好像是当年哥伦布去发现新大陆。哥伦布发现新大陆给欧洲带来了几百年的财富累积,造就了现代欧洲,而区块链带来的是数字空间的新发现,在这个数字空间里可以创造和挖掘比整个人类社会物理空间要大得多的新财富,也就是数字资产。"该言论如雷贯耳,一时之间在微信朋友圈得到疯传。

作为万向控股副董事长,肖风曾引领时代的潮流,他借鉴传统资本圈的投资运作手法,在区块链投资领域如鱼得水。

时间退回到2015年,当时比特币处于行情的低谷期,以太坊刚起步一年多,区块链在中国还鲜为人知,而肖风恰好结识了以太坊创始人V神,双方对区块链的认可度和接纳度出奇地一致,于是很快就达成了合作的意愿。后来,肖风、V神,以及同属金融出身的沈波,从他们擅长的投资角度切入区块链领域,并成立了万向区块链实验室、分布式资本。

在万向区块链实验室中，肖风负责操盘战略方向，V神则负责月台，具体投资项目则由沈波负责。沈波是早期交易所比特股（Bitshares）的创始人之一，其还拥有在银行、证券以及基金行业的丰富经验。分布式资本由万向控股出资5000万美元发起，肖风、V神、沈波三人同为分布式资本的合伙人，分布式资本很快就成为中国最大的专业投资区块链领域的基金之一。

在分布式资本的投资活动中，很多都是由龚鸣（化名"暴走恭亲王"）出面进行操作的，他是站在台前的人物，肖风、V神、沈波站在幕后。2017年3月，龚鸣还曾做了一个ICO交易所——ICOAGE，被关闭之前，它是国内最大的ICO平台之一，风光无限。然而，这一切都在2017年9月4日央行发布的ICO禁令中戛然而止，肖风第一时间将能退的代币全部退回投资人，并从此沉寂。

然而，虽然肖风操控的交易所和ICO关闭了，但他们当时的雄风却一直影响着区块链领域，肖风开创的区块链币圈操盘玩法依然被区块链庄家效仿。据说，当年肖风的操作手法是，先利用媒体造势，然后进行代币的操盘，用资本在背后做支撑，这样就能以少量代价换取大额的投资回报。这听起来是不是很像A股的操盘手法。

肖风深谙投资之道，他在传统金融圈中，曾势如破竹。

1998年，肖风筹建了博时基金，之后他只用了五年的时间，就坐上了第一的宝座：博时基金在2004年年底资产管理规模达到247亿元，成为当年国内资产管理规模排名第一的基金公司，肖风也因此成为基金行业响当当的人物。

不过，时代在不停地变迁，到2010年时，博时基金的资产管理规模排名已滑落至第五位，而且面临巨额亏损，全年业绩亏损86.27亿元。2011年，博时基金内部发生股权变动，据当时媒体报道，万向集团的鲁伟鼎对博时基金是志在必得，但最后未能成功，不过鲁伟鼎却因此有了意外的收获，他与肖风相识，并将其引入万向集团。肖风在万向集团得到重用，头衔非常多：万向控股副董事长兼执行董事、民生人寿保险股份有限公司副董事长、万向信托有限公司董事长、民生通惠资产管理有限公司董事长、通联支付网络服务有限公司董事长、通联数据股份公司董事长及浙商基金管理有限公司董事长。

肖风进入万向集团后对区块链投资的操盘，让万向集团成为区块链领域的领先企业，而肖风、沈波也成为投资教父级人物。2017年9月4日销声匿迹之后，肖风于2018年7月重出"江湖"，他说："区块链行业有可能出现1万亿美元甚至5万亿美元价值的公链。"

李笑来

传说中的比特币首富，拥有教师、作家、投资人等多重标签，曾因发起ICO项目颇受争议。

进入币圈，李笑来是一个必须了解的人物，他是传闻中的比特币首富，还是畅销书作家，更是中国最早的一批比特币玩家，曾发起多个区块链ICO项目，因此暴富，也因此争议缠身。

比特币首富的由来

在中国的数字货币圈中大佬级别的人里，李笑来是较早一批投资比特币的。早在2011年，李笑来听说了比特币，当时他感到非常震惊，心想这是什么东西，价值居然能超过美元？

2011年，比特币的玩家还主要集中在程序员、游戏玩家、极客这些群体里，像李笑来这样有教师、作家、投资人等多重身份的人在这个时间段进入比特币，并不多见。当时，李笑来也并不是很懂比特币，但他认为，这个东西这么厉害，价值竟然超过了美元，所以不管三七二十一，先买点再说。2011年3—6月，他花了1.3万美元买了2100个比特币，均价6美元。没想到，几周后比特币就涨到24美元，投资收益超过300%。

李笑来是一个对赚钱极其敏锐之人，他投资比特币大涨之后，便决定拿出收益去"挖矿"。当时他买了几十台计算机，在一个北京和天津交界的地方"挖矿"。2012年以前，"挖矿"还是挺容易的，对显卡的要求也不太高。最终，李笑来以60多万元的投入挖到了100多个比特币。

李笑来不再挖矿之后，就一门心思在二级市场买买买。据他本人爆料，通过反复地高抛低吸，他已获得了六位数的比特币，均价为1美元。2017年开始，比特币大涨，最高时将近2万美元/个，这意味着，当时六位数的比特币增值20亿美元。即便是在今日，比特币8000美元的价格下，六位数的比特币也至少值8亿美元。

玩转数字货币圈

2013年时，比特币迎来了第一次高潮，其他各色数字货币也纷纷诞生。当时的情境是各类币种抢着上交易所，而交易所却是稀缺资源。李笑来又发现了其中的商机，他认为交易所是一个资源的集中平台，掌握了交易所，就不愁没有好项目可以投资。基于这些判断，李笑来投资了一个交易所，也就是云币网。

投资云币网，是李笑来财富增长的新的开始。

2017年7月1日，EOS在云币网上线交易，由于这个项目和李笑来有关，所以当时它在云币网上线还颇受争议。EOS是由BLOCK.ONE公司打造的产品，而李笑来是BLOCK.ONE的股东，相当于李笑来是EOS的间接股东，与此同时，李笑来又是云币网的股东。这是典型的一举两得的投资路子。

"比特币首富"李笑来具有很强的"名人效应"，只要他站台的ICO项目，市场就会跟风投资。比较知名的有公信宝、量子链、菩提、EOS、ICO.info、Big.ONE，Press one等项目，众筹都非常火爆。其中Press one是一个连白皮书都没有的项目，但它在2017年7月用6天就融资5.2亿元。

不过，ICO在2017年疯狂之后，央行的一纸公告让火热的ICO陷入绝境，李笑来的云币网致富通道也由此关闭。2017年9月4日，中国人民银行等七部委联合下发《关于防范代币发行融资风险的公告》，将ICO定性为"非法公开融资"并全面封杀，同时要求项目发行人把融到手上的钱全部还回去。

2017年9月20日，云币网宣布永久性关闭所有品种交易功能。李笑来从此沉寂半年之久，直到2018年4月9日，李笑来以"雄岸全球区块链百亿创新基金"的基金管理方的身份公开露脸，当时朋友圈有人笑称，"李笑来都回国了，区块链的春天是真的要来了！"

只是2018年7月，李笑来因一起被泄露的录音事件①，招来诸多负面新闻，同时还与币圈另一位名人陈伟星（泛城资本、快的打车创始人）掐架，2018年7月9日，李笑来不得不申请辞去雄岸基金管理合伙人的职务。

---

① 来源 2018 年 7 月 5 日，21 世纪经济报道《币圈炸了！疑似李笑来录音揭底币圈割韭菜套路，点名多位大佬》。

东叔

比特币早期玩家，曾因玩比特币杠杆交易亏损上亿元，后来涅槃重生，成为中国最大的数字货币场外交易商之一。

2018年春节期间，一个叫"三点钟区块链"的社群突然火了，作为分享嘉宾的币圈牛人东叔也火了。东叔，dFund创始人，原名赵东，比特币早期玩家。在他身上，演绎的是一个散户如何在币圈跌宕起伏，最终凭借过硬的人品和不懈的努力涅槃重生的故事。

与比特币的碰撞

东叔最初的身份是墨迹天气创始人，他于2012年卖掉了股份退出墨迹天气，并于2013年进入币圈，成为中国早期的比特币玩家。他曾调侃道："我是山西人，票号生意是200年前山西人的老本行。我接触比特币不久后意识到，老子天生就是干这个的。"

东叔与比特币的碰撞缘于北京中关村的车库咖啡。车库咖啡不仅是创业者的集散地和信息集中地，更是比特币在中国的知名布道之地。在这里，赵东认识了吴刚、李笑来等比特币早期玩家。

2013年3月，东叔的朋友说自己正在玩比特币，建议他也买一点。他问为什么要买这个东西呢？朋友说挣钱啊，东叔半信半疑地尝试了。当时在比特币中国，他只充了50元，想先试试比特币是什么东西，后来发现比特币涨得特别快，他有点着急了，于是在价格为1000元左右时一口气买了一万元比特币，共买了10个。大概不到一星期的时间，比特币涨到1800元，他把10个比特币卖掉了，卖得挺高兴。再后来反反复复操作，东叔用短短不到两个星期以1万元赚了1万多元。

对于东叔来说，玩比特币是因为这个东西看上去能挣钱。一开始他和大多数人的想法一样，认为比特币是一个骗局，所以当时他并不想把钱过多地投入比特币，想着最多玩10万元，但实际情况是，随着对比特币认识的提升，东叔对比特币投的钱越来越多，2013年最多投了100万元，大概买了2000多个比特币。东叔在车库咖啡认识了李笑来，李笑来让他意识到，比特币是未来的主流货币，是趋势，而且能赚钱。

比特币在2013年大涨，最高达1242美元（约8000元人民币），赵东的2000多个比特币也暴涨了十几倍，投进去的100万元摇身一变就成了1000多万元，一夜暴富。但即使这样，内心有点膨胀的东叔仍觉得投资本金不够，他认定了比特币投资是种稳赚不赔的买卖，于是马不停蹄地投资比特币矿场，并玩起了比特币杠杆投资，这曾让他尝到过一些甜头。

因玩杠杆陷入绝境

然而，东叔也因玩杠杆投资遭受了灭顶之灾。2014年开始，比特币开始走下行通道，很多投资者是血本无归。也就是在2014年2月，东叔遭遇了爆仓，当日就亏掉了9000个比特币，折合为4000万元。可东叔并没有因此收手，反而越玩越大，最后连续爆仓三次，亏得体无完肤。

2015年比特币继续大跌，"挖矿"的收入已不足以覆盖电费等成本，东叔陷入了困境，不得已将原价5000万元买入的矿机，以不到300万元卖出。那是东叔最艰难的时候，身上背负着6000万元债务，加上爆仓的亏损，东叔2015年的总亏损达到1.5亿元，已是举步维艰。

后来，在李笑来等朋友的帮助下，负债累累的东叔开始涉足比特币场外交易，由于人品好，朋友们都愿意把好项目介绍给东叔，东叔由此绝处逢生。他回忆说："币圈这个圈子是众多传统投资人想要进场的，但又苦于无人引导，如果借助自己之前累积的良好信誉，完全可以帮这些投资人进行场外担保交易。场外交易早期，我所有的交易都是一点一点地积累。最惨的时候，一单交易不到3000元，利润仅60元。最好的时候，一单交易将近一亿美元。"最终，东叔在两年后，也就是2017年还清了债务，实现涅槃重生。

2017年7月，赵东创立dFund基金，专注于数字货币领域的投资，并成为中国最大的场外交易商之一。根据dFund官司网站显示，2018年1月1日至2018年5月22日，共撮合23亿元的交易。

2018年，东叔用比特币在东京买了一栋别墅，这栋别墅用于做区块链创业项目孵化器、大本营，房租只是象征性地收一点。

东叔其人

东叔其貌不扬，戴着一副眼镜，身高大概一米六五。走在大街上，恐怕都不会引起别人的注意。

他是一个不按常理出牌的人。在2018年4月23—35日澳门举行的世界区块链大会上，有个议程是"薛蛮子十问"，东叔是其中一个嘉宾。然而，东叔只回答了一个问题就偷溜了，捂着肚子说肚子不舒服。会后，东叔不好意思地承认，说肚子疼是个借口。这显然是一般的人玩不出来的事。

虽有个性，但东叔为人谦虚。记得我们第一次见面时，东叔笑着对我说，"我们好像在哪里见过"。2018年年初，我们在日本再次相遇，相谈甚欢。他是山西人，临走时他对我说："下次见面时别忘记带一箱汾酒，我们好好喝几天，到时候我把这些年的经历都告诉你。"至此，我们就有了一个用一箱汾酒换他前半生秘密的约定。

陈磊

互联网企业里研究区块链的领军人物，迅雷链创始人。

在互联网江湖没落多年的迅雷，因一位新领导者而崛起。从2014年应雷军之邀出任迅雷CTO到2017年晋升为迅雷CEO，陈磊用了三年时间，让迅雷重新成为一家耀眼的企业。

迅雷从没落到崛起，从子公司网心科技开始。2014年11月3日，陈磊入职迅雷，成为该公司十年来第一位正式任命的CTO，兼任迅雷旗下子公司网心科技CEO。时任迅雷集团CEO的邹胜龙对外界表示："陈磊先生在云计算领域拥有丰富的经验，相信他加盟之后将带领迅雷在云计算的技术路径和商业化方面攀上新的高峰。"此话不假，半年后的2015年4月23日，陈磊率领网心科技团队推出了迅雷首款智能硬件产品——迅雷赚钱宝。迅雷赚钱宝不仅能帮助用户将自己家中的空闲带宽和空闲存储空间变现，而且还能24小时不间断赚钱。因为这些特点，该产品的认购极为火爆：

2015年4月27日，迅雷赚钱宝在淘宝发起众筹，价格为79元，仅2分50秒，7500台限量赚钱宝就被抢一空。

2015年6月18日，迅雷赚钱宝在京东的首轮抢购用时仅1分33秒，随后的上架补购也在33秒内即刻售罄。

2015年11月25日，迅雷赚钱宝的新一代产品迅雷赚钱宝Pro开启众筹后在35秒被抢空。

陈磊为迅雷带来了一种开创性的共享经济模式，这也是迅雷的产品能受到用户欢迎的根本原因。陈磊如此不俗的表现也让雷军大为赞赏，2017年7月6日，加入迅雷不到三年的陈磊接替掌舵迅雷14年之久的创始人邹胜龙，成为新任CEO。

上任CEO后，陈磊低调潜行，直到10月31日才公开露面。这次露面，陈磊是携着迅雷赚钱宝第三代版本、植入了区块链基因的产品"玩客云"而来。玩客云是一款"共享计算+区块链"的应用，属于私人云盘，拥有远程下载、隐私加密、手机扩容以及多屏互动等功能。用户通过购买玩客云并启动玩客奖励计划，通过共享带宽、存储等计算资源可获得链克（代币）奖励。链克拥有丰富的使用场景，可兑换共享计算相关的产品和服务，如视频网站会员特权服务、网络加速服务、云存储服务、共享内容服务、游戏内容服务等。

因为玩客云，迅雷一炮走红，迅速在区块链圈占领一席之地，并成为了资本市场的新宠。迅雷原本一蹶不振的股价也因此开始飙涨，一口气涨到2017年11月24日的27美元/股的高价，这较10月上旬的4美元/股累计上涨了约6倍，市值从3亿美元涨到18亿美元。这意味着，陈磊推出的区块链产品不仅为迅雷收获了百万用户，而且还为股东赚了15亿美元。

那么，为迅雷带去新鲜血液的陈磊到底是一个怎样的人呢？陈磊是一位典型的高材生，拥有清华大学计算机科学与技术系学士学位，德州大学奥斯汀分校计算机系硕士学位。硕士毕业后，陈磊先后在谷歌和微软任职，从事云计算、大数据相关产品的研发管理工作；2010年回国入职腾讯，担任腾讯云总经理和腾讯开放平台副总经理。然而，陈磊能力的绽放看起来却是加入迅雷之后。

2018年4月20日，陈磊带领迅雷再次在区块链领域发力，发布了新一代区块链平台——迅雷链。据陈磊介绍，迅雷链是基于PBFT算法，在性能上远超当前区块链项目，并发处理能力达到百万级别。5月16日，迅雷链开放平台全面上线。

陈磊也是个侠骨柔情之人。虽是强势的技术男出身，但却时常让人感觉内心很柔软。考虑到员工照顾子女的需求，陈磊在办公区开辟了一处儿童游乐园供孩子们玩。他为人谦逊，充满激情，我们在"链上无限"2018年中国区块链产业高峰论坛见面时，他对我讲起迅雷链，满脸洋溢着激情，极具感染力。

陈磊尤其在意用户的感受，从他走马上任迅雷CEO后许下的"还用户一个想要的迅雷"这个承诺开始，便能感受到一二。这样的价值观也植入到他对区块链的理解上，他说："区块链的价值就是把数据财富还给了数据财富应该的拥有者，即个人。"

虫哥

比特币早期布道者，曾为推广自己的比特币创业平台，送杂志并附赠比特币。

赠杂志的同时还附赠比特币，听起来很不可思议，但这是币圈大佬虫哥曾经干过的真事。作为比特币在中国的早期布道者，虫哥参与过炒币，制造矿机，办比特币信息平台和杂志，曾风光无限。虽说现在虫哥做的大多项目都已物是人非，但他在数字资产世界的地位依然是响响地存在。

2013年，比特币刚刚走过两年的蛮荒期，开始了第一波牛市。当时中国的比特币玩家还比较少，但已有一部分先知先觉的人发现了产业商机，虫哥就是其中的一位。他和一帮早期的比特币矿工和玩家成立了国内最早的比特币投资联盟，而这个联盟奠定了日后门户信息网站"壹比特"早期团队的雏形。

当时，联盟总共筹集到五位数的比特币，算是启动金，这些比特币有的是"挖矿"所得，有的是在交易平台购入的。他们打算通过投资山寨币，高抛低吸吃波段，来赚取更多的比特币。联盟成立后，团队中有人前瞻性地提出做一个数字货币门户网站，于是虫哥基于原有的一个论坛搭建出首页，这成了壹比特的雏形。后来，壹比特由数字货币早期布道者李均担任CEO，核心团队除了虫哥，还有CTO高航、"老大"、暴走恭亲王、七彩神仙鱼、alex、蔡总、主编小龟，顾问有孔华威等。

2013年比特币的牛市，让全世界都见识到了它的能量，很多怀疑它是传销币的人开始摆正心态去了解它，所以当时的中国很需要信息平台普及比特币相关知识。在这样的大背景下，壹比特很快就做得风生水起；而且壹比特的信息布局也很完善，不仅有各类原创专业文章，还有各种山寨币的资料以及钱包下载、专题页面、"挖矿"的硬件组件指南、矿机的评测、K线图、手机APP、微博、微信公众号等。由此，壹比特信息网引起了业界的关注，并迅速成为2013—2015年数字货币信息平台的领头羊。尽管壹比特的总部位于较为偏远的浙江省杭州市的临安区，但很多人都慕名而去，包括V神、李笑来、徐明星、李林、宝二爷、初夏虎、沈波等如今的业界大佬。

为了配合营销，壹比特编写了同名杂志用于馈赠，并在其中一个系列的杂志增刊钱包安全指南里送了比特币私钥，最多的一本里有1个比特币。当时比特币的价值正好在走上坡行情，从2012年年底30美元左右涨至最高时的1242美元。

有意思的是，壹比特杂志在私钥书签上写了一句"持有五年有惊喜"。2013—2018年，比特币曾创下近2万美元的最高价纪录，这正好出现在五年周期里。

在壹比特创业期间，基于莱特币的大涨（当初约达380元人民币），虫哥他们打算研发挖掘莱特币的专用银鱼矿机，并发起了众筹。熟料，这却为壹比特埋下了一颗地雷。2014年开始，数字货币步入低谷期，比特币从8000多元跌到900多元，莱特币从380元跌到将近5元。银鱼矿机制造出来时，售价为18000元，而莱特币跌到5元意味矿机连电费都不够支付，更别提分红，壹比特因此深受打击。紧接着，壹比特又发生了被黑客盗币事件，这直接将壹比特推入绝境，2015年9月，壹比特停止了运营，宣告倒闭。

　　让人叹息不已的是，壹比特的银鱼矿机在三年后的2017年还在使用，在性能上打败了所有的竞争对手。

　　经历过大起大落的虫哥，在2016年转身成为投资人，成立了Chainpe公司，主要投资区块链全产业生态。2018年时虫哥说，他们正在准备重构一个无法被ASIC矿机化的项目，做到全球无数个节点，然后结合未来的区块链3.0生态。他还说，这个项目已经开发了半年以上。

老猫

比特币早期布道者，EOS的支持者，经营一个和数字货币有关的微信公众平台。

在币圈，有人闷声发财，有人高调张扬。有"币圈老炮"之称的老猫便是一个张扬又真实的人，他用一根笔杆写响了自己的名号，并成就自己在数字货币圈的"江湖"地位。

老猫的微信公众号"猫说"是数字货币圈关注度很高的自媒体之一，其区块链投资理念和知识对行业产生了重大影响；他在《一块听听》上的系列知识讲座和在《知识星球》建立的社群"猫友圈"也开创了行业知识社群的新风口。

因为喜欢写文章，老猫留下很多与数字货币有关的信息和观点，其中不乏出尔反尔和预言出错的内容，所以有些业界人士对老猫公然表示不满。2018年4月，有人甚至直接写文章扒老猫那些打脸的历史。比如，2014年8月23日，老猫写了一篇《如何拯救莱特币和狗狗币》，核心意思是：狗狗已死，莱特当哭。然而，四年后的情况是，狗狗币活得好好的，莱特币也活得好好的。2016年6月18日，老猫写了一篇《DAO被盗，以太走向何处》，质疑以太坊的未来。写文章的时候，他把以太坊都卖掉了。然而，后来他又重新买了以太坊，并且其中一部分一直持有到参与EOS的ICO。老猫又一次出尔反尔……。看到别人"喷"自己，老猫倒是不急不乱，反而耐下性子给自己写了篇名为《扒一扒老猫的黑历史》的文章，并发在了"猫说"公众号上。自己给自己揭黑，这听起来很有意思吧？老猫坦承起来，是不是也有些可爱？他在"黑"自己的文章中说："感谢这个时代和行业，让我一错再错！我喜欢这个错，我喜欢犯错，我喜欢你黑我。"

老猫不仅爱写文章，他还是区块链项目的参与者，2014年起，他先后担任云币网COO，ICOINFO CEO，INB Partner，BigONE CEO。

其中，BigONE是云币网的国际版，是硬币资本旗下全球区块链资产现货交易所，由李笑来、易理华、老猫等人投资，其前身为云币网。2017年7月2日，EOS在云币网上线交易，云币网的交易量曾达到全球第一。如今，无论是云币网还是BigONE，都已没有了往日的辉煌。因政策原因，云币网在2017年9月20日永久性关闭所有品种交易功能。BigONE虽然已经上线，但已沦为三流交易所，在全球排名第92位，一天的交易量仅为3000多万元，还不到全球排名第一的交易所交易量的零头；而且，BigONE至今仍未上线APP，用户操作起来极为不方便。

对此，老猫在2018年4月时说，BigONE的APP还需等几个月才能上线。当我们问他，什么时候能看到BigONE风光再现？他很有信心地说："大概率的情况下，在下一波牛市的时候，BigONE 会成为一个重要的存在。"

姚勇杰

从传统投资圈华丽转身到数字货币投资领域的成功者，
百亿规模的雄岸区块链基金发起人。

在数字货币过去十年的发展史上，币市玩家多为草莽出身，他们先前可能没有太多值得称赞的资本，但区块链项目的股权投资却有所不同，早在2014年就已有嗅觉敏锐的专业投资机构入场，他们在数字货币发展的低谷期逆势而为，最终迎来了百倍回报。姚勇杰带领的杭州暾澜投资管理有限公司（以下简称"暾澜投资"）就是其中一家成功的区块链机构投资者。

暾澜投资是一家迅速崛起的专业股权投资机构，管理基金的规模超过300亿元，该公司因投资了以嘉楠耘智为首的几十个区块链项目并获得超高收益而一炮打响，其掌门人姚勇杰也因此一举成名。

姚勇杰扶持嘉楠耘智于艰难之际，嘉楠耘智对姚勇杰也回以重报。2015年，时逢币市低谷，当年比特币价格最低曾跌至176美元，矿工挖币已不足以支付电费，矿机厂商也艰难求生，在嘉楠耘智（生产阿瓦隆矿机）最困难的时期，姚勇杰挺身而出，以1700万元天使投资了嘉楠耘智，股权占比10%。

嘉楠耘智渡过熊市难关之后，凭借研发实力迅速成为全球第二大矿机生产商，仅次于比特大陆，同时其比特币算力也位于全球第二，拥有19.5%的算力。据姚勇杰讲述，他对嘉楠耘智的投资回报约为380～570倍。

2018年5月15日，矿机生产商嘉楠耘智正式在港交所提交IPO申请，谋求上市。据招股书披露，嘉楠耘智2017年营业收入达13亿元，同比增长超过4倍；2017年净利润为3.6亿元，同比增长6.9倍。

除嘉楠耘智之外，姚勇杰还投资了量子链Qtum、Zcash、EOS等区块链项目，均获得超高的回报。其中量子链的历史最高回报达226倍，Zcash的回报逾50倍，EOS的历史最高回报达97倍。

此外，令市场颇为震撼的是，2018年4月9日，姚勇杰还联合李笑来等人，以及杭州市余杭区政府成立了规模高达100亿元的区块链投资基金——雄岸基金[①]。据讲述，姚勇杰是在老猫的撮合下与李笑来达到默契合作的。姚李两人曾相约杭州永福寺，他们从一副对联"独坐大雄法身不动作狮子吼，同登觉岸应化无穷出海潮音"中，把每句的第四个字拿出来，敲定了基金的"雄岸"之名。

在百亿雄岸基金成立仅一个多月后，姚勇杰就以9亿港币收购香港上市公司SHIS LTD，这很可能是为日后区块链项目的退出做储备；而对SHIS LTD的收购，从谈判到发公告，只用了7天，姚勇杰称之为"区块链速度"。至此，姚勇杰在区块链投资圈中的声名已是实至名归。不过，区块链圈的风云变幻莫测，由于姚勇杰的搭档李笑来与币圈另一名人陈伟星（泛城资本、快的打车创始人）掐架，造成诸多负面影响，2018年7月9日，李笑来申请辞去了雄岸基金管理合伙人的职务。

出生于1971年的姚勇杰毕业于湖南大学建筑系，1993年毕业后被分配到浙江省建筑设计院；1997年下海经商，先后办过设计公司、文化传媒公司、房地产公司；2008年进入投资领域，第一个天使项目为非硅类

---

① 2018年4月9日，搜狐新闻《李笑来携国家队入场！杭州成立全球最大区块链创新基金》。

薄膜太阳能技术的尚越光电；2014年，姚勇杰和原阿里巴巴投资部总监李甲虎，以及捷蓝信息CEO宋晓东、俞春雨等人共同成立了杭州暾澜，成功投资了嘉楠耘智、捷蓝信息、59Store、尚妆、优盒网、车蚂蚁、电商宝、艺易拍、YotaPhone、清河源、天任生物、图维科技等一批明星企业。此后，姚勇杰被历史推到台前，成了区块链时代的主角。

帅初

90后，量子链创始人，福布斯2017年30岁精英榜中人。

数字货币在2017年大爆发，有人通过"挖矿"实现财富自由，有人通过开交易所跻身全球福布斯前三名的富豪榜，有人通过炒币成为币圈大佬，也有人通过区块链项目ICO成为亿万富豪。帅初就是因ICO一举成名，从极客摇身入选2017福布斯中国30位30岁以下精英榜，并受邀在斯坦福大学区块链论坛发表演讲。

作为量子链的创始人和CEO，帅初因区块链而改变了命运。

创办量子链

帅初是在2012年读博士期间，开始从事加密货币及其底层技术的研究和开发的，他是区块链社区活跃的布道者，是中国区块链应用落地的推动者。在创办量子链前，帅初在国外的比特币和区块链社区Bitcointalk累计发布了1万篇帖子，同时撰写了《从0到1建立自己的区块链》开发手册，阅读量破万，是区块链极客圈的网络名人。

2015年，他和几个早期"上海派"区块链人士联合创业，曾任区块链技术金融公司快贝CTO，但一直未进入大众视野。直到2017年3月推出量子链区块链项目，帅初的人生命运发生重大转折。

量子链于2017年3月16日开始众筹，其发行的Qtum Token（QTUM）

是在量子链上使用去中心化应用和智能合约时需要使用的加密软件代币。量子链创始区块产生时会生成一亿个QTUM，之后每年会根据权益证明机制增发1%。

或许是因为有李笑来、易理华等币圈大佬的站台（为投资人），量子链创造了ICO的一大奇观，五天时间就筹集了1500万美元，约1亿元人民币；而且5月23日在李笑来投资的云币网上线交易那天，QTUM的最高价格为66.66元，比起3月16日众筹的2元钱价格来说，涨幅高达32.332倍。一天上涨32.332倍，参与ICO的投资人都赚翻了，而李笑来这些早期的投资人更是赚得盆满钵满。

QTUM的火爆惊呆了币圈，一部分人后悔没有及时上车参与众筹，另一部分人则怀疑QTUM的真实性。因为当时QTUM处于早期阶段，它在云币网上市交易时还没有钱包，用户不能充币和提币，所以QTUM被认为是一个"假币"，破坏了ICO的规则。

那么，帅初的量子链是一个怎样的项目呢？他号称要打通比特币和以太坊两者间的生态，打通区块链世界和真实的商业世界，量子链是一个公有链项目。

"比特币已经成为一个全球结算网络，但它的局限性在于，未来很难成为一个基础性平台；而以太坊拓展了比特币有限的脚本语言处理能力，并实现了极大的拓展，从脚本语言变为一个图灵完备的虚拟机，能支持更复杂的商业逻辑。我是想把以太坊智能合约的能力注入比特币的整个生态系统里，并且真正实现区块链的普及化应用。"帅初说，这就是他做量子链的原因。

争议中的帅初

因量子链项目名利双收的帅初，角色又悄然发生了转变，他从原来的极客网络名人变为成功的区块链创业者后，又变成了世界各地的演讲者和各类区块链项目的站台者。

从2017年11月起，帅初参与或担任顾问的项目包括菩提BOT、清真链HLC、先知AWARE、社交链QUN、太空链SPC、海洋链OC等。然而，他站台的项目大部分都在上市后破发。

例如帅初担任核心技术顾问的太空链项目，2018年1月10日ICO当天就完成私募，募集了近10亿元。1月16日，太空链正式上线交易，随后价格就急剧下滑并跌破发行价。截至2018年5月27日，太空链的价格仅为0.25元，较之2.6元的发行价，足足下跌了90%。

此后，币圈开始控诉帅初，有人甚至呼吁远离帅初参与的项目。尽管帅初赶紧撇清了自己与这些项目的关系，但人们并不买账，还出现了更为严重的质疑：2018年3月22日，微信公众号"快贝"发布了一篇文章，名为《帅初曾因"链"抄袭遭遇快贝解聘》，里面痛斥了帅初的"骗子行径"。

市场甚至质疑量子链项目在首次公布时有90%的内容是抄袭，但欣欣向荣的ICO和数字资产世界似乎并不在意这些缺陷。截至2018年9月7日，量子链价格为3.7美元，市值为3.2亿美元，在全球数字货币市场中排名第29位。

第三章

数字资产世界——十大币种

数字货币，最先出现的是比特币。作为"老大哥"，比特币曾被质疑多年，辉煌过，也曾低迷过。如今，以比特币为典型的数字货币以颠覆性的力量进入全球视野，和一批新兴数字货币的诞生和被推崇有莫大关系，它们相融共生，互相成就。

按非小号数据显示，截至2018年9月7日，市值排名第一的数字货币依然是"老大哥"比特币，币值为7505亿元；排名第二的是以太坊，币值为1516亿元；排名第三的是瑞波币，币值为771亿元；排名第四的是比特现金，币值为592亿元；EOS排名老五，币值约309亿元。

接下来，让我带你认识当今必须知道的主流数字货币的世界，带你了解这些数字货币后面的财富神化。我将按照目前的市值排名，给大家介绍十种数字货币。

数字资产世界

SHUZI ZICHAN SHIJIE

比特币BTC

　　比特币应该算是21世纪人类最伟大的发明之一了。不管你承不承认它的货币属性，它都存在着。十年了，它在世界货币史上添上了浓墨重彩的一笔。

　　从古代的物物交换，到后来的金属货币，再到现代的纸币，每一代新货币的出现，都有这样一个共性，那就是更强的便捷性。如今，比特币的出现，也存在这样的特点：它没有国籍，不属于任何一国政府，不易受到政府控制；它是恒量的，不会泛滥通胀；它还可以无国界流通，一键操作，无须走复杂的兑换程序。

　　当然，不论比特币能不能成为新一代世界通行的主流货币，我想，它作为21世纪一个不同凡响的存在，我们都有理由去了解它。

比特币的产生原理

　　比特币的本质其实就是一堆复杂算法所生成的特解，由计算机生成的一串串代码组成。特解是指方程组所能得到无限个（比特币为有限个）解中的一组，"挖矿"的过程就是通过庞大的计算量去寻求方程组的特解，这个方程组被设计成了只有 2100 万个特解，所以比特币的上限就是 2100 万个。

　　中本聪把比特币定量为2100万个，但现在市场上并没有流通这么多比特币，它需要"矿工"进行挖掘。从比特币2019年1月3日诞生之时，每10分钟就会产生一批，当产生的数量达到设定总量的一半时，再次产生的数量为其前一批数量的一半，直至2100万个比特币完全产生。

第一批比特币产生的数量为50个，是由中本聪本人挖掘出来的。随后比特币就以每10分钟50个的速度增长。当总量达到1050万个时（2100万个的50%），比特币每10分钟产生的数量就会减半为25个；当总量达到1575万个（新产出525万个，即1050个的50%）时，每10分钟产生的数量再减半为12.5个，如此反复运行。按照这个数字原理，87.5%的比特币会在2021年前被挖出来，后面会越来越慢，完全开采则需要到2140年。

截至2018年9月7日，已有约1725万枚比特币被世界各地的"矿工"挖出，进入市场流通。也就是说，现在全世界的"矿工"是在抢夺最后的375万枚（17.9%）比特币。

比特币除了通过"挖矿"获得之外，还可以通过在交易平台买入的方法获取。世界知名交易所有币安、火币网、OKCoin、币夫、Bitfinex、Fcoin等。

比特币与区块链

说起比特币，区块链是无法绕过的话题。2014年我第一次从特斯拉创始人马斯克口中听说比特币时，是没有任何区块链概念的，也不知道比特币和区块链有关系。后来，元道先生将Block Chain翻译成了中文名字"区块链"，并坚定地普及区块链的知识，我才开始留意到区块链。

那么，比特币与区块链有什么关系呢？如果要我用一句话来概括二者之间的关系的话，那就是：比特币是区块链技术的一个成功应用。换句话说，比特币"去中心化""无法篡改"的特点，是因区块链技术而生的。

那么，区块链技术是怎样的一种存在？我们先从比特币的两条核心规则说起。

第一，比特币的发行不是由某个国家或者某个组织说了算，它是一套公开的算法，谁都可以去算（即挖矿）。只要你算出的速度快，就可以抢先挖出比特币，这也是系统对"矿工"算出数据后的奖励。"挖矿"的过程是非常公平的，谁也无法作弊。

第二，比特币的交易信息不是记录在某个机构的某个系统里，也不是记录在某个组织的服务器上，不会因为失火、地震等不可抗力因素或者一些人为因素而丢失或者遭到破坏。比特币交易信息一旦形成，全球所有参与这个游戏的玩家电脑中都有留存，一人一份，同步记录，这种交易记录在理论上也是无法篡改的。这就是区块链技术中"去中心化"的概念。

理解了去中心化，就等于理解了区块链。

现在网络上给区块链的定义是：区块链是一种新型去中心化协议，能安全地存储数据，确保信息不可伪造和篡改，可以自动执行智能合约，不受任何中心化机构的干预。

区块链作为一个全新的底层技术，已引起金融世界的高度重视，包括高盛、摩根大通、汇丰银行、花旗银行等在内的众多金融机构，均在研究区块链技术在金融市场的应用；同时，实体企业也纷纷开始研究区块链技术的应用。世界经济论坛更是大胆预测，到2027年世界GDP的10%将被存储在区块链网络上。

从2015年开始，中国民间很多人将注意力转移到区块链上。到了2016年，数字资产世界形成了链圈和币圈两大门派：链圈聚集了一帮技术水平高、学历高的高端人才；币圈则聚集了一帮靠炒币赚钱的人，他们的作派另类，甚至直言自己的目标是"一币一嫩模"。

链圈与币圈本是两个互相成就的圈子，但我却发现，这两个圈子的人还挺有趣，链圈的人看不上币圈人的粗俗，币圈的人嘲笑链圈的人穷困。

比特币因何值钱

你们还记不记得发生在2017年的一次全球网络被黑客攻击的事件？我以前是做IT出身的，对这样的重大事件比较关注，所以记忆犹新。2017年5月，一个名为《想哭》的恶意勒索软件侵入150多个国家的医院、学校及企业数以百万计的计算机进行勒索，黑客将计算机中的资料文档上锁，并要求用比特币支付一定金额才能解锁档。这位天才黑客做这样一件惊动世界的事，只是因为想要比特币，很有意思吧。

当然，这个事件很快就平息了，可比特币却因此火了，比特币的货币属性和资产属性也再次得到印证。

在过年十年的发展史上，2017年是比特币最为闪耀的一年。2017年12月17日，比特币的价格一度冲上19875.85美元的高点，相比2010年5月21日0.0025美元的价格，增长了将近800万倍。

比特币恐怕是人类历史上单个价格最高的货币了。

那么，比特币究竟值不值钱呢？答案是肯定的，比特币是有价值的。比特币内在的四个特点是支撑它保值的基础。

第一，它不会消失。

如前所述，比特币没有发行机构，这样也就不可能有人操纵它的发行数量，不会出现通货膨胀，也不会出现通货紧缩。作为一国政府，你可以把比特币定义为非法货币，但它并不会因为一个或者几个国家的不欢迎而消失，因为比特币庞大的P2P网络延伸到世界的各个角落，只要还有人相信它，只要还有玩家，它就不会消失。

第二，它有稀缺性。

比特币具有极强的稀缺性，总量只有2100万个，相比其他动辄10亿个的数字货币来说，它的量非常少。物以稀为贵。

第三，它有全球流动的能力。

普通的跨国汇款需要走很多程序，而如果用比特币汇款，直接输入接收地址，就可以将大量资金转入分布在世界另一端的另一个账户。不经过任何管控机构，也不会留下任何跨境交易记录。任何人都可以购买、出售或收取比特币。

第四，它非常安全。

我们可以用硬件钱包存储比特币，硬件钱包类似于一个U盘，操控它需要私钥，比特币是被存储在这个介质里的。硬件钱包可以随机生成比特币接收地址，外人可以通过这个接收地址给你转入比特币。如果想管理里面的比特币，必须同时拥有硬件钱包和私钥，这就相当于银行卡和对应密码，所以除了用户个人之外，外人很难转走你的数字货币。

至于刺激比特币变得值钱的外部因素，前面内容里已有提及，在这里就不再赘述。

以太坊 ETH

以太坊（ETH）是除比特币之外流通最广的数字货币，其全球市值长期排名第二，仅次于比特币（BTC）。初识ETH，是在2017年，它被称为区块链技术2.0的代表。我是IT出身，对新技术比较敏感，当时还特意买了一本《区块链技术指南》来学习。

那么，ETH是怎样一种数字货币呢？作为技术产品的以太坊，其实是一个区块链技术的智能合约和去中心化应用平台，允许任何人在上面创建应用。换句话说，以太坊是一个公有链，是一个任何人都可以随时进入系统中读取数据、发送可确认交易、竞争记账的区块链。

以太坊的诞生

以太坊也有一段传奇的故事。

与当年比尔盖茨辍学创办伟大的微软公司如出一辙，以太坊的创始人Vitalik Buterin也是一个辍学的少年天才。以太坊问世后，Vitalik Buterin被大家尊称为V神。

V神出生于1994年，俄罗斯人，2013年年末他发布《以太坊白皮书》时，只有19岁。他身材消瘦，头发泛黄，眼睛凹陷得很深，大大的耳朵、尖尖的下巴，如果在大街上的某个角落遇到他，会让人觉得这是个不起眼的少年。我第一次在网上看到V神的照片时，也是感到非常惊讶，没想到这位其貌不扬的少年竟然拥有那么大的能量。

从发布白皮书到完成ICO融资，V神只用了半年多时间，并创造了当时数字货币圈中募资金额最大的ICO：2014年7月24日开始众筹，为期42天，募集了31000枚比特币，合约1840万美元。

ICO成功后，以太坊项目正式进入技术研发阶段。不过，由于2014—2015年恰逢比特币的低谷期，所以V神的那段日子也并不好过：以太坊众筹期间比特币价格为400多美元，到2015年比特币一度跌至176美元的低位，V神募集的资金蒸发近900万美元。我听身边的朋友说，那段时间V神舍不得把比特币卖掉，以至于以太坊项目出现资金紧张的状况。

不过，现在看来这只是以太坊发展道路上的一个小插曲，并不影响V神的功成名就。在ICO募资一年后，V神带领的团队就正式发布了以太坊网络，这也意味着以太坊区块链正式上线运行。2014年11月，V神打败了Facebook创始人扎克伯格，获得了世界技术奖项"2014年最具创新软件奖"。

以太坊的智能合约

以太坊最大的优势是它可以实现几乎任何类型的智能合约。简单地说，以太坊=区块链（数据结构）+智能合约（算法）。

区块链的概念，我在前文中已经解释过。那么，智能合约又是什么呢？通俗地来说，智能合约是存储在区块链网络（每个参与者的数据库）中的一段代码，它界定了各方使用合同的条件。智能合约存储在网络中的每台计算机上，如果合同的条件得到满足，合约就会自动执行。

以太坊智能合约是基于区块链而使用的，这是因为区块链拥有"去中心化"和"不可篡改"这两大特性，智能合约才有了执行环境。所以，区块链的智能合约也可以理解为，双方在区块链资产上交易转账时触发执行的一段代码。

举例来说，你我两个人原本并不相识，但我们要在区块链上完成一笔买币和卖币的交易，为了完成这笔交易，你我同意建立一个智能合约，这个合约里包括币的数量及价格、付款时间等信息。如果我在规定时间付足了款，这个合约就会自动执行，你放在区块链上的币会自动转到我的账户上；如果我没有在规定时间内付足款，那么合约会自动取消。在智能合约执行过程中，并没有第三方为双方进行担保，而是完全由一个写在整个网络上、所有人都能够查看的公开智能合约进行监督。

目前基于以太坊的智能合约是全球主流的智能合约，以太坊上部署的合约可以选择开源代码，这意味着，所有人都可以知道这个合约的内容及作用，而且无法修改。V神曾把以太坊比作一个建立在世界网络上的超级智能手机，而建立上面的应用就像是这个智能手机的APP，这就是V神的天才之处。

以太坊的商业价值

以太坊为区块链世界带来了新变革，它的成功之处还在于强大的商业价值：以太坊仅上线一年半，就获得了市场的广泛运用。

以太坊的使用者和支持者在2017年2月发起成立了企业以太坊联盟（EEA），该联盟是围绕开源区块链平台以太坊创建的，拥有30个创始成员，包括一些大型机构，如芝加哥商业交易所、英特尔、ING、摩根大通和微软，还有一些新兴区块链创业公司，像BlockApps、ConsenSys和String Labs。EEA的目标是共同创建、推进并广泛支持基于以太坊的技术最佳实践、标准以及一种参考架构，并创建一种只为经过验证的参与者开放的私有版本以太坊。

从EEA的创始成员可以看到，以太坊已得到全世界优秀企业的拥护和支持。据报道，截至2018年5月，EEA的成员机构已经达到约450个。

最近的消息称，EEA将为不断发展的生态系统发布区块链标准，如果消息属实，那么EEA很可能会迈出巨大的一步，帮助其从以太坊体验中获得最大收益。

不过，二级市场的ETH在2018年的表现却是糟糕透顶。自2018年1月1日至2018年9月7日，ETH累计下跌71%，单价从714美元暴跌至218美元，跌幅超过了BTC的54%。ETH和BTC一直是区块链项目募资时接受的主要币种，投资者往往通过购买ETH和BTC来参与区块链项目的代币发行，2018年ETH的大跌，市场分析称可能是因为上一年牛市时进行ICO的部分区块链项目担心2018年加密货币熊市，他们为了获得流动资金而变现了ETH，进而加剧了下跌的趋势。

瑞波币XRP

数字资产世界，就是一个不断创造奇迹、不断变不可能为可能的世界，瑞波币（XRP）就是其中的一个典型案例。作为一个并不起眼，和区块链关联也不太大的币种，XRP却创造了一段闪耀的历史，如今已成为两币（BTC、ETH）之下、千币之上的数字货币。那么，瑞波币到底是一种怎样的数字货币，瑞波又是怎样的公司，让我来带你一同认识一下它。

瑞波2.0版本的出现

在介绍瑞波和瑞波币的诞生之前，我先向大家普及一下跨境转账的背景。

如今在世界各国，人们出国留学、工作等现象已非常普遍，跨境转账的业务量也随之大增。根据世界银行2018年发布的《移民与发展简报》数据显示：全球中低收入国家（通过正式管道）获得海外汇款金额在2017年再次达到了创纪录的4660亿美元，较2016年的4290亿美元增长了8.6%。包括高收入国家在内的2017年全球汇款数为6130亿美元，比2016年的5730亿美元增长约7%。

做过跨境汇款的人都知道，跨境汇款不仅手续费高，而且还不能当日到账。当前世界不同国家银行间互相转账都是采用SWIFT（国际银行间的合作组织）的体系，到账时间大多需要2～7天。瑞波币正是为解决这些问题而生。

瑞波币在诞生之前，它的主体公司已有长达7年的存在史。2004年，一位叫瑞安富格（Ryan Fugger）的年轻人创立了瑞波的前身Ripple Pay，即瑞波支付，这是一个重建银行间的点对点支付的网络。由于早期版本只是在互信的人之间转账，没有信任的陌生人就无法转账，因此瑞波在早期并没有什么大的进展。直到7年后，瑞安富格邀请麦卡勒布（Jed McCaleb）加入瑞波，瑞波才开启了新时代。麦卡勒布是全球第一个比特币交易所Mt.Gox的创始人，2011年他转让了Mt.Gox之后正式加入瑞波。次年，瑞安富格将瑞波交到了麦卡勒布的手里，然后麦卡勒布聘请了克里斯·拉森（Chris Larsen）做瑞波的联合创始人。由此，瑞波全新的2.0版本面世了：一是增加了网关，二是在瑞波系统中推出了瑞波币作为系统内的流动性工具。

这便是瑞波币的诞生背景。

瑞波的使命

我在官方网站中看到瑞波给了自己这样一个定义：世界上唯一针对全球支付的企业区块链解决方案。它说，当今世界，30亿人通过互联网互相联系，汽车实现无人驾驶，设备可以互相通信，但是全球支付仍然停留在迪斯科年代（20世纪70年代末）。为什么？因为支付架构建于互联网出现以前，之后几乎未进行过更新。

所以，按照2.0瑞波的说法，它是带着重构全球支付生态体系的使命而来的。

根据瑞波的介绍，"Ripple提供的是一个无阻碍的利用区块链技术的全球支付体验，通过加入Ripple的全球支付网络，金融机构可以处理它们的客户到全球任何地方的汇款，并且是实时化的、可靠的以及低成本的"。这段话听起来会不会有些生涩？通俗地讲就是，在瑞波的全球支付系统，可以转账任意一种货币，包括美元、欧元、人民币、日元或者比特币，交易确认在几秒以内完成，交易费用几乎是零，没有所谓的跨行异地以及跨国支付费用。

了解了瑞波的业务特点后，那么瑞波币的角色也就非常容易理解了，它不需要"矿工"，也不需要采矿设备，因为瑞波只是一个支付系统，而瑞波币是瑞波系统的代币：瑞波系统每产生一笔交易就会消耗一些瑞波币（XRP），用户必须先把自己持有的货币兑换成波瑞币，然后转给接收方，接收方接收到瑞波币后可直接兑换成法定货币。整个过程有三个步骤，但只需要几秒钟就能完成。

瑞波解决了行业痛点，这也许是促使瑞波币价格一路飙涨的根本原因。

瑞波币发行于2013年3月，2014年4月开始交易。发行总量1000亿个，发行价0.0000007元人民币，而截至2018年9月7日，价格为2元。四年半时间里，瑞波币的价格上涨了286万倍。

也就是说，5年前如果你花1元钱买了瑞波币，现在也是个百万富翁了，这恐怕是任何行业都无法相比的暴富神话吧。

比特现金 BCH

从备受比特币圈内争议到受到市场的认可，比特现金（BCH）不仅完成了历史使命，而且还创造出了一片新天地。在官方网站中，比特现金用醒目的大字给自己做了介绍：世界上最好的钱。

比特现金因何而来

从出身来看，BCH是中国的比特币矿池ViaBTC推出的数字货币，诞生于2017年8月1日。BCH是BTC的分叉币，我第一次关注BCH是因为吴忌寒，大概是在2017年7月，听说吴忌寒在主张BTC硬分叉的事，我特意搜了相关信息来补脑。因为吴忌寒是全球最大的比特币矿机生产商创始人，在业界有举足轻重的地位。

我对BCH的理解是这样的，从技术层面看，BCH是BTC作为点对点数字现金的延续，它是比特币区块链账本的硬分叉，具有升级版的共识规则，即允许增长和扩容。BCH的出现，归因于比特币的区块容量太小。比特币的代码中有每区块 1MB 的大小限制，约等同于每秒能处理3 笔交易，即TPS为3笔/秒。容量的受限，导致BTC形成了一个隐形的障碍，即网络拥堵和交易处理速度缓慢：2017年年底BTC大涨时，交易量剧增，有些交易确认的时间就出现严重拥塞情况。

解决这个问题主要有两种方法：一是把比特币区块的容量直接拓

宽，相当于把小公路修成大公路，这就是硬分叉；二是不改变小公路的形态，而是在上面加架天桥，以增加小公路的容量，这就是软分叉。

作为比特币矿池和算力的主要拥有者，吴忌寒坚定地支持第一种方法，反对软分叉，理由是他认为软分叉的技术并不属于区块链，不具备去中心化的特征，会导致侧链的兴起，比特币主链的衰弱，容易被中心化的机构所控制。

比特币的核心维护团队则坚定地支持第二种方法。他们认为，实施硬分叉后，会带来很大的麻烦，因为还需要所有的交易所、钱包以及用户都进行安全升级，这是牵动产业链的大事件；而如果没有升级，系统就会产生混乱，发生数字资产丢失事件。

双方谈判了两三年都没有结果。2017年，吴忌寒凭借自己拥有的算力，强行实施了硬分叉，创造了新的币种叫比特现金，并由比特大陆投资的矿池ViaBTC推出。比特币现金弥补了比特币的区块容量的问题，其区块大小为8MB，而比特币的区块大小为1BM。

比特现金的成长路径

BCH的预售价是由ViaBTC定的，在2017年8月1日诞生之前，ViaBTC交易平台上显示它的预售价为550美元左右，但由于BCH备受争议，且一些大型主流交易所公开表示不会支持BCH，以至于还没有推出，BCH的价格就从550美元下滑至300美元。然而，当BCH正式诞生后，又发生了反转：2017年8月2日，BCH的价格最高涨到753美元，这是始料未及的市场反应。当日，BCH以过百亿美元的市值问鼎币圈第三大数字货币之位。

2017年9月4日，受中国的监管政策影响，数字货币集体暴跌。BCH也不例外，从之前的400美元最低跌到200美元。进入11月之后，数字货币市场开始复苏。BCH在11月11日暴涨，最高涨到近2000美元，与BCH

最初的价格相比翻了约6倍。这一次，BCH的市值首度超过ETH，成为第二大数字货币。

　　每一次上涨之后都会迎来调整，BCH在2018年开始回落，但价格大部分时间都保持在1000美元左右，而这也说明，市场对BCH的认可已经远超最初的想象。截至2018年9月7日，BCH价格为502美元，币值为87亿美元，全球排名第四位。

EOS

在认识EOS之前，我先给大家普及一下EOS的"江湖"地位。"江湖"中的说法是，BTC让人了解了区块链，ETH创造了智能合约，EOS则是试图带来大规模应用的用户体验，所以市场把BTC、ETH、EOS三者分别对标为区块链1.0、区块链2.0、区块链3.0。

EOS的野心

区块链的世界，似乎是四五年一革新：《比特币白皮书》问世于2008年，《以太坊白皮书》问世于五年后的2013年，《EOS白皮书》问世于四年后的2017年。

对于EOS的定位，Block.one公司在《EOS白皮书》中如此描述："成为一个成功的区块链应用平台块，应该满足的要求：一是支持百万级别用户，如Ebay、Uber、AirBnB和Facebook这样的应用，需要能够处理数千万日活跃用户的区块链技术。二是免费使用。灵活地为用户提供免费服务，由于用户不必为使用平台而付出费用，区块链平台自然会得到更多的关注。有了足够的用户规模，开发者和企业可以创建对应的盈利模式。"

对此，市场解读说，EOS是冲着谷歌（Android）、苹果（Ios）、微软（Windows）的级别去的，可谓野心十足。EOS的创始人兼首席技术官被誉为区块链领域的奇才，其"江湖"代号为BM，真名Dan Larimer，毕业于弗吉尼亚大学计算机系本科。BM在开发EOS之前，曾成功开发了两个市值进入TOP30的区块链项目，所以EOS的出生是自带光环的。BM和比特币大神李笑来还是好朋友，所以在《EOS白皮书》发布之前，Block.one公司就获得了李笑来的天使投资，这也给EOS的ICO奠定了良好的基础。

EOS的ICO开始于2017年6月25—30日，这是第一阶段的众筹，共售出2亿个EOS。第二阶段的众筹是在2017年7月1日至2018年6月2日，该阶段发行7亿个EOS，时间设定为350个连续23个小时的时间段，每次发售200万个EOS代币。

朋友圈很多人提及EOS和李笑来的关系，说是有比特币首富之称的李笑来月台的ICO项目，一般都会被当成明星项目。

或许是因为EOS这个被誉为"能够超越以太坊的旗舰级项目"足够强大，也或者是因为有李笑来的站台，所以，EOS的众筹非常火爆，第一阶段仅5天时间就募集近2亿美元。

EOS的火爆

新事物的出现，总有这样一个发展规律：一边被质疑着，一边又被接受着。在虚拟货币世界，BTC如此，EOS也是如此。EOS自2017年7月2日上线至今一年多时间，生动地演绎了虚拟货币世界的无限可能，币价从原来的约1美元/个涨至最高时的23美元/个。那么，EOS究竟是怎么暴涨的，在过去一年多的时间里究竟发生了什么？我来给大家还原一下这个过程。

2017年7月2日，EOS在云币网（早期的一家交易所）上线交易。当日交易火爆，价格一路上扬。次日，EOS的价格上涨至5.9美元（36.58元人民币），约为发行价的5.54倍。当时，有人戏称EOS为"市值50亿美元的空气币"。

7月3日冲高之后，EOS开始走向下滑之路。由于当时虚拟货币市场整体不景气，EOS的价格也步步下挫，早期在二级市场追高的投资者被套。也就是在这个时候，EOS成了币圈玩家心中"空气币"的头号代表。当时市场的质疑声也非常大，说EOS是"圈钱币""空气币""李笑来币"，更有甚者将EOS比喻为"导致市场加速崩盘的抽血机"。

8月，币市行情持续低迷。有人将市场整体不景气的原因归结到EOS身上，指责EOS持续一年的发售机制有问题，并抽干了币市的流动资金。此时市场对虚拟货币一片质疑，并传出虚拟货币监管的消息，整个币市人心惶惶。

9月4日，中国人民银行等七部委联合发布《关于防范代币发行融资风险的公告》和各地方的《虚拟货币交易场所清理整治工作要求》，定性ICO为非法集资，并要求立即停止各类代币发起的融资活动。这对币市来说是当头一棒，币市集体应声暴跌，当日EOS的价格由上一日的1.3美元跌到0.91美元，跌破发行价。

9—10月，对于EOS的二级市场的投资者来说，简直是一场恶梦。这两个月，EOS一直处在破发状态，最低时币价仅为0.5美元，玩家纷纷离场。不过，10月还是有关于EOS的利好消息。10月8日，EOS的创始人、Block.one的CEO宣布，EOS将会把它在代币销售过程中筹集到的10亿美元用于EOS项目的建设。

12月4日，EOS Dawn 2.0发布。这对EOS来说，是重大利好。此时称EOS为"空气币""圈钱币"的声音已经减弱，EOS开始成为虚拟货币里的主流币种，并形成了EOS社群。12月17日，EOS上线韩国最大虚拟货币交易所Bithumb。2018年1月13日，EOS的价格一鼓作气冲到18.52美元的高点，这较它的发行价上涨了18倍。尽管EOS并没有真正地应用落地，但是从当时二级市场的表现来看，市场对它的肯定显然已经超过了质疑。

经过半年的积累，EOS已经拥有了强大的"粉丝"基础，有人甚至参照ETH（以太坊）的价格表示看好EOS。2018年4月11日，受整个币圈升温以及EOS超级节点竞选的白热化影响，EOS的价格一路飙升。2018年4月29日，EOS达到历史最高点23.08美元（人民币约143元），较其发行价上涨约23倍。

EOS的超级节点

说起EOS，21个超级节点的竞选是绕不过去的话题。EOS的开发方Block.one在2018年3月宣布，公开向全球选出21个超极节点来维护EOS主网的运行。然后，李笑来的硬币资本、吴忌寒的比特大陆、暴走恭亲王的EOScybex、易理华的EOSeco，以及薛蛮子的蛮子基金、老猫的EOS LaoMao都宣布参加竞选。

当时我的感觉是，好像半个币圈的知名人物都参与其中了。对此，我还特意找来《EOS白皮书》，研究21个超极节点的由来。白皮书是这样解释的：

EOS.IO软件采用目前为止唯一能够符合上述性能要求的去中心化共识算法，即授权委托证明（DPOS）。根据这种算法，EOS区块链上持有令牌的人可以通过投票系统持续选择区块生产者，任何人都可以成为区块生产者，只要他能说服令牌持有人以获得足够投票。

EOS.IO软件能够精确到每0.5秒生产一个区块，且仅一个生产者被授权能在给定的时间点生产该区块。如果在预定时间内没有生成，则跳过该块。当跳过一个或多个块时，区块链中会存在0.5秒或者大于0.5秒的间隔。

使用EOS.IO软件，以126轮进行生产（共21个生产者，每个生产者生产6个块）。在每轮开始时，根据令牌持有者的投票选出21个不同的块生产者。获选生产者的生产顺序由15个及以上的生产者约定的顺序安排。如果生产者错过了一个块，并且在过去24小时均未生产任何块，则会被删除，直至其向区块链通知打算再次生产块。通过排除不可靠的生产者，使得遗漏的区块数量实现最小化，确保网络的顺畅运行。

也就是说，EOS的超极节点相当于"矿工"，是和比特币"矿工"一样的角色，他们是维护整个网络正常运行的人。

EOS对超极节点的奖励机制是这样的：每年会增发代币总量的5%奖励这21个超级节点，EOS的总量是10亿枚，5%也就是5000万枚，这意味着每个超级节点平均可分得238万枚EOS。按照EOS长期10美元以上的价格来算，值2380万美元以上。也就不难理解，为何全世界的链圈和币圈的知名人物都争相竞选EOS的超极节点。

为竞选EOS超极节点，有些人还挺拼的。老猫在他的微信公众号"猫说"中公开拉票；"温州帮"携40多亿元参加EOS超级节点竞选，成了轰动一时的事件。

根据EOS.GO发布的统计显示，截至2018年5月2日，全球共有87个团体暂时成为合格的超级节点候选人。其中按注册地点看，中国居多，其中51个来自北亚（33个来自中国），20个来自北美（14个来自美国），16个来自欧洲。

EOS的主网已在2018年6月上线，但它并没有在主网上线后迎来大涨行情。截至2018年9月7日，EOS的单价为5美元，2018年以来累计下跌34%。

恒星币 XLM

　　早期的区块链项目造就了一大批专业人才，部分人在另立门户之后，又奇迹般地创造出了新的主流数字货币，ADA的创始人查尔斯·霍斯金森如此，恒星币（XLM）的创始人Jed McCaleb也是如此。

　　Jed McCaleb是Ripple的创始人，他在Ripple技术代码的基础上创建了Stellar项目。在Stellar支付网络中，恒星币是基础货币，用户可以通过恒星币向任意一种货币转账，包括人民币、美元、欧元、日元、比特币等。

　　恒星币诞生于2014年8月1日，总量为1000亿枚。截至2018年5月27日，流通总量为185.79亿枚。在Stellar支付网络中，恒星币主要是通过免费发放的形式提供给用户，其供应上限即为总量1000亿枚。

　　恒星币在国外的人气较高，在中国的宣传并不多。我是因为XRP（瑞波币）而关注恒星币的。2017年12月，数字货币牛市来临，XRP价格大涨，偶然的一次机会我听圈内的人提起，说有个和Ripple差不多的代币表现也不错。研究完后我发现，恒星币还是非常值得关注的。因为相比Ripple，Stellar在技术基础上做了优化，它做的最大改进是整个支付系统运用了SCP（恒星共识协议），这使得在stellar支付网络中能安全处理每秒超过1000笔的交易。这是stellar能够在现实经济中得到应用的重要因素，也是恒星币在数字资产世界得到认可的关键。

　　恒星币是搭建数字货币与法定货币之间传输的去中心化网关，可以充值、兑现、提现，可以在 Stellar 网络上用户之间进行发送和接收。由于 Stellar 系统中拥有分布式的交易所，所以它可以自动兑换成接收方所需的货币，比如，法国人通过 Stellar 发送法郎给美国的家人，对方就可以收到美元，Stellar 网络会以最低的费率将法郎转换成美元。

目前，已有不少企业和组织在使用恒星支付网络。例如 2017 年 10 月，IBM 和支付网络公司 KlickEx 宣布将与 Stellar 共同构建新的跨国支付解决方案。Stellar 系统支持在全球世界进行转账、支付，覆盖地区包括菲律宾、印度尼西亚、新加坡、尼日利亚、加纳、印度、荷兰、法国、德国等。

Stellar 作为一种用于资金转账的开源协议，主要有三大应用：

第一，微支付。在 Stellar 网络上进行交易能够最大限度地降低资金转账成本，为客户提供增量付款选项。

第二，汇款。能够确保快速汇款到不同国家，相比银行汇款来说手续费要低很多，Stellar 可以将手续费减少至近乎于零。

第三，移动货币。使用 Stellar 能够使移动平台实现互操作性（资金往来），让用户将移动货币发送给不同提供商的收款人。

和艾达币类似，恒星币的背后也有一个豪华的运作团队。Stellar 的创始开发团队中，CEO 是毕业于哈佛大学法学专业的 Joyce Kim；CTO 是 Ripple 创始人 Jed McCaleb；首席科学家是 DavidMazières，他毕业于麻省理工学院电气工程与计算机科学专业，并拥有哈佛大学计算机科学学士学位，同时也是斯坦福大学计算机科学教授。除此之外，狗狗币联合创始人 Jackson Palmer、AngelList 联合创始人 Naval Ravikant、麻省实验室现任当家 Joi Ito、YC 创业营主席 Sam Altman 等也是 Stellar 的顾问。

恒星币在国外的人气较高，在中国的宣传较少，但这并妨碍恒星币的火热。截至 2018 年 9 月 7 日，恒星币的价格为 0.201 美元，市值为 37 亿美元，在全球数字货币中市值排名第六位。

莱特币 LTC

在数字货币出现的早期，币圈素有"比特金，莱特银"的说法，"比特"指比特币，"莱特"指莱特币（LTC），莱特币曾是除比特币以外市值最大的数字货币。尽管后来出现了上千种数字货币，但莱特币依然屹立在主流数字货币的阵营，虽然市值已不再排名第二，但全球长期排名依然在前十位。

莱特币诞生于2011年10月7日，创始人为Charlie Lee，一名亚裔美国人，1999年毕业于麻省理工大学，学的是电气工程和计算机科学，拥有硕士学位。在莱特币诞生的年代，世界上鲜有数字货币，只有XCoin、Tenebrix这类不知名的币种。据Charlie Lee透露，他最早是从一篇描述Silk Road（一家从事非法交易的网站，已被取缔）的文章中了解到比特币，然后便开始研究为什么Silk Road只接受比特币。2011年，Charlie Lee也萌发了创造加密货币的想法，并以只有6人的研究团队开发了莱特币。

2011年，我刚刚进入股权基金投资领域，关注点都在股权投资上，还没有任何数字货币或者加密货币的概念，如果当时我也能接触到比特币或者莱特币的信息，也许当时就会进入这个领域。

我们再来说说莱特币。莱特币也是一个点对点的加密货币，在技术层面上与比特币高度重合，但在区块处理时间上进行了优化：莱特币在工作量证明算法中使用了Scrypt算法进行加密，因此每2.5分钟就可以处理一个区块，比特币为每10分钟处理一个区块，所以相较比特币，LTC的交易确认速度更为迅捷。莱特币也是第一个使用Scrypt算法的加密货币。

LTC总产量为8400万枚，是比特币总量的4倍。莱特币和比特币一样，也会在约每四年出现产量减半。2015年8月26日，莱特币迎来首次减半；下一次减半时间是2019年8月19日。

莱特币的价格在2017年12月19日达到375美元的历史高点，也正是在这个高点前，创始人Charlie Lee将手中的莱特币全部清仓了。12月20日，他在Reddit论坛上发帖称，他在过去几天中"卖出并捐赠"了所有自己持有的莱特币，仅保留了部分实体莱特币作为"收藏品"。对于清仓的理由，Charlie Lee说："从某种意义上说，我在持有莱特币的同时在推特上讨论它是有利益冲突的，因为我的影响力太大了，莱特币对我的财务非常有利，我现在已经足够富裕，不再需要将个人的财务成功和莱特币的成功联系在一起了。我仍然会在莱特币工作上投入我所有的时间，当莱特币获得成功时，我会以许多其他方式获得回报，仅仅不再是通过直接持币的方式罢了。"对于Charlie Lee的这段话，我要给他打100分，Charlie Lee是个聪明人，既完成了高位套现，又用寥寥数语展示出自己的大格局。

最后，回归到实际应用，目前莱特币已经成为可以在实体经济中流通的一种货币：2018年2月，捷克最大的零售商店之一Alza.cz开始接受LTC作为支付方式；2018年5月，英国法定货币和加密货币在线银行服务平台Wirex宣布将支持LTC。

截至2018年9月7日，莱特币价格为55.6美元，市值为32亿美元。

艾达币 ADA

在数字资产世界，有一个和EOS经历相似的币种，它们同样是底层公链并有"区块链3.0的代表"之称，同样上市时间还不到一年，同样都已跻身全球十大数字货币之列，它就是艾达币（ADA）。

ADA是卡尔达诺（Cardano）公司发行的代币（Token），于2015年10月至2017年10月进行ICO，大约募集了6000万美元。我是2018年年初才开始接触ADA的，以前很少听身边的朋友提及ADA，后来之所以关注它是因为它是世界十大主流数字货币。其实，ADA在中国的投资人也并不多，它的投资者以日本人、韩国人为主。ADA在ICO众筹时，日本投资者占众筹总额度的94.45%，韩国投资者占2.56%，两者占众筹总额度的97%，这和卡尔达诺的运营团队在日本不无关系。

上市至今，ADA的历史最高价为2018年1月5日的7.7元人民币（1.22美元）。2018年9月7日，ADA的价格为0.084美元（0.5773元人民币），相比其0.013元人民币的发行价约上涨43倍，总市值为21亿美元。

那么，ADA缘何能跻身全球市值前十的数字货币之列？这得从卡尔达诺的定位说起，我们可以把它理解为解决比特币区块链、以太坊这些底层公链存在的缺点的补丁。在比特币、以太坊的区块链架构中，交易、运行代码、执行智能合约等操作是混合在一起完成的，容易导致网络拥堵。卡尔达诺将区块链架构进行了分层，让不同的交易在不同的层级里去完成。卡尔达诺将其架构分成了清算层和计算层：

清算层（Settlement Layer）。ADA是在清算层流动，该清算层相当于升级版的比特币系统。

计算层（Computation Layer）。计算层主要提供智能合约、身份认证等功能，以方便开发者在此开发DAPP（区块链世界的APP），相当于升级版的以太坊系统。

值得一提的是，卡尔达诺是由学术派发起的项目。它是先有了论文，然后再进行匿名提交和匿名评审，最后才进行ICO。这与其他人发起的光有白皮书就开始ICO的项目形成鲜明对比。

另外，这个项目是由区块链界的重量级人物开发的。其开发团队中共有三位核心成员：一位是查尔斯·霍斯金森，他毕业于美国科罗拉多大学数学及加密学专业，是以太坊联合创始人及前CEO（2013年12月至2014年5月，也是比特币基金会教育委员会创始主席（2013年5月至今）；二是杰瑞米·伍德，他也拥有以太坊背景，曾担任以太坊的高级管理人员，是业界资深人物；三是阿盖洛斯·基亚亚斯，毕业于爱丁堡大学，是网络安全与隐私领域的首席专家，是一位技术大佬，他曾在相关学术期刊上发表100多篇论文。

当然，现在卡尔达诺的项目并未全部落地，仅实现了结算层的功能，它所规划的智能合约、分层技术等技术架构及创新均处于研发过程中。

波场 TRX

波场（TRX）的创始人孙宇晨为中国人，这位90后拥有诸多亮丽的头衔：北京大学本科毕业，美国常青藤盟校宾夕法尼亚大学硕士，马云门徒，2015和2017福布斯30岁以下精英榜中人。

波场的白皮书发布于2017年8月，对于波场这个项目，白皮书是这样介绍的：波场是基于区块链的去中心化内容协议，其目标在于通过区块链与分布式存储技术，构建一个全球范围内的自由内容娱乐体系，这个协议可以让每个用户自由发布、存储、拥有数据，并通过去中心化的自治形式，以数字资产发行、流通、交易方式决定内容的分发、订阅、推送，赋能内容创造者，形成去中心化的内容娱乐生态。

通俗来说，波场是来保护内容原创的，它计划通过削减内容平台的利益，转到内容创建者的手中，并建立一个全新内容娱乐生态。比如说，你写一篇文章放在坡场区块链上，就可以获得原创收益以及别人点赞、好评的收益，而点赞和评论的读者也可以获得相应的收益。这个收益由波场协议区块链上流通的代币来体现，这个代币可以购买波场区块链上所有公司的产品，所有交易会在TRX协议中自动完成，因为TRX协议是整个网络的媒介。

波场出现时恰逢国内ICO火爆之际。2017年8月22日，波场在币安做了一个直播，当天中午12点，他们在直播过程中发起了波场币抢购活动，仅仅53秒，5亿个波场被抢购一空。此时正是中国出台ICO严令的前夕，可能是听到了某些政策风声，原本打算9月9日进行波场ICO的计划，孙宇晨提前到9月2日完成，募集了约4亿多元人民币。

波场ICO时，薛蛮子曾力挺波场，但波场有些时运不济，虽然快马加鞭在政策出台前完成了ICO，但终究还是白忙了一场。9月4日，中国人民银行等七部委下发《关于防范代币发行融资风险的公告》，叫停各类ICO活动，并要求已完成代币发行的项目进行退币，孙宇晨不得不进行退币，当时，我们都为孙宇晨感到惋惜。不过，孙宇晨倒是很倔强，9月20日完成退币后，立即转战到了美国，继续推进波场项目。

绝处往往可逢生，12天后的2017年10月2日，波场就在海外的交易所上线了，起价合约0.01元。2018年1月5日，波场达到历史最高价1.2元（0.1984美元），较发行价上涨了119倍。

如今，波场已经在包括全球十大主流数字货币在内的35家交易所上市。截至2018年9月7日，波场市价为0.02美元（0.14元人民币），较发行成本0.01元上涨约13倍，流通量为657.49亿枚（总量1000亿枚），市值约为86亿元。

虽然波场已跻身全球十大数字货币之列，这个项目要实现白皮书中介绍的理想结果，还需很长时日，根据波场预计简要时间表，整个项目要历经8～10年时间才能最终完成：

（1）数据自由——基于点对点的分布式的内容上传、存储和分发机制，2017年8月至2018年12月。

（2）内容赋能——经济激励赋能内容生态，2019年1月至2020年6月。

（3）个人数字资产发行，2020年7月至2021年7月。

（4）价值自由流动——去中心化的个体专属代币交易，2021年8月至2023年3月。

（5）流量变现——去中心化的博弈与预测市场，2023年4月至2025年9月。

（6）流量转化——去中心化的游戏，2025年4月至2027年9月。

从目前的进度来看，波场基本上是按照白皮书中预计的时间在做技术实现。

波场已于2018年3月31日上线主网测试网络，并定于2018年5月31日上线公链主网络；2018年6月1—24日对主网络进行最后的测试与调整；2018年6月25日进入波场创世区块及代币迁移的阶段；2018年6月26日正式开启波场TRON超级代表竞选及奖励阶段。

为了推进项目，波场在2018年伊始就在扩充团队力量，孙宇晨招募了多位拥有互联网基因的技术人才：2018年1月，前阿里巴巴技术专家张思聪加入波场，出任高级技术工程师一职，负责波场智能合约及相关技术开发工作；2月，前百度、美团技术专家吴斌，前美团、乐视高级软件工程师岳瑞鹏相继加入波场；3月，前360核心安全工程师郭永刚也加入了波场团队；5月，前IBM技术工程师伏泰昊入职波场。按照波场的预计，2018年年底，波场全球团队人数将超过以太坊团队人数，突破400人，2019年将突破1000人。

埃欧塔 IOTA

埃欧塔（IOTA）是一个拥有物联网概念的数字货币，它起源于2014年。作为一个和以太坊有差不多长历史的数字货币，埃欧塔也算是大浪淘沙后留下的主流币种，IOTA的市值成绩最好时是在2017年，全球排名第五位。

IOTA项目由位于德国的IOTA基金会进行管理。虽然是主流币，但IOTA在中国的普及程度好像并不高，宣传资料也比较有限，我是在2017年年底它成为全球十大主流币后才关注到它。

IOTA总供应量为27.79亿个，它并不需要"矿工"开采，所有IOTA都是在初始块创建的，现在的流通量即为总供应量。IOTA于2015年1月25日开始ICO众筹，但当时并没有多少人看好这种"山寨币"，众筹价格约为0.001元，而且在上线交易后很长一段时间里，IOTA表现一般，价格没有什么波动。直到2017年6月，IOTA才开启了一轮暴涨之路，并在同年12月21日达到历史最高点5.1美元（约32元人民币），这较发行价上涨了3.2万倍。

IOTA最大的看点是它与物联网（IOT，Internet of Things）的联系。IOTA项目利用一种叫作Tangle的技术，集成加密货币功能，服务于物联网，它立志成为未来物联网的支柱。

现在圈内有这样一种说法，说是IOTA利用的技术已超越了区块链技术，是区块链技术的延展，因为IOTA创造的是新型的分布式账本——Tangle（缠结）。Tangle技术的特点是，它的形态是网状结构而不是区块链的链状结构，这使得它能够实现更高的交易吞吐量。Tangle架构的设计者是Serguei Popov 博士，他是IOTA白皮书的作者，也是IOTA的创始人。

IOTA网络已经是一个比较成熟的项目了，已于2016年11月正式发布了主节点代码，启动了主网，至今已经升级到1.4.1.2版本。目前，IOTA的主要功能是无手续费的微支付以及安全的数据转移及数据锚定。所以，作为代币的IOTA也可以理解为是一种新型的加密货币，它专注于解决机器与机器之间的交易问题，通过实现机器与机器间无交易费的支付来构建未来机器经济的蓝图，这也正是IOTA的特别之处。

IOTA主要应用于智能城市、基础设施和智能电网、供应链、运输和移动性等领域，如今它已经落地应用：2017年10月，以色列的Sirin实验室将IOTA技术应用于手机领域，专注于创造一款名为"Finney"的世界首款区块链手机；2018年2月，台北市与IOTA Foundation达成合作，台北要把IOTA的Tangle技术应用到其市民身份计划中去；2018年5月，IOTA宣布和保时捷一起开展智能移动的计划。同月，联合国也与IOTA签署了《谅解备忘录》，以探索区块链技术如何在实际应用中帮助提高效率。

第四章

数字资产世界——财富密码

在数字资产世界，主要有四大造富机会，分别是挖矿、交易所、发币、炒币。没来到这个"江湖"的时候，你不会明白，为什么财富离你那么远，离他们却那么近。

数字资产世界

SHUZI ZICHAN SHIJIE

挖矿

在数字资产世界中，有一群低调潜行的人，他们大多身在电费低廉的偏僻之地，或是气候寒冷的人迹罕至之地；他们守着24小时不停歇的矿机，争分夺秒地和分布在世界各地的"矿工"抢夺记账权；他们是以比特币为主的数字货币运作网络的重要维护者，他们有一个共同的名字，叫"矿工"。

"矿工"与区块

在全球十大主流数字货币中，如比特币（BTC）、以太坊（ETH）、比特现金（BCH）、莱特币（LTC）等币种，采用的是POW（工作量证明）共识机制，都需要"矿工"来维护网络安全，使其稳定地运行。

以比特币"矿工"为例，他们是整个比特币网络运行规则的维护者，根据中本聪的设计，"矿工"通过参与维护比特币网络节点，协助新区块生成，就可以获得一定量的比特币奖励。

比特币系统约每10分钟生成一个区块。"矿工"的任务就是把比特币系统中的交易信息（如比特币买卖双方的钱包ID、交易数额等）装入区块之中，谁的数据最准确且速度最快，谁就能获得记账权并获得比特币奖励。

那么，"矿工"是怎么挖矿的呢？实际就是计算机计算哈希值的过程。

"矿工"接入比特币运行网络之后，可以实时接收前一个区块完成的每一笔交易信息，然后使用SHA-256的哈希算法来计算每一笔交易的哈希值；计算完后再把这些交易两两组合，再次计算哈希值，以此不断重复，最终得到一个所有交易的哈希值，称为Merkle Root，中文名为默克根。然后，"矿工"必须要把这个"默克根"与上一个区块的ID以及一个随机数再次组合，进行哈希值计算。获得最终的哈希值后，要和比特币系统给定的条件进行对照。一般给定的条件为：哈希值前20位为0。这是一个非常苛刻的条件，达成的概率为百万分之一。

在没有达到条件的情况下，"矿工"会增加随机值，继续进行哈希值计算和条件对比。如果某一个"矿工"以最快的速度第一个达到了系统给定的要求，那么就意味着他完成了一个区块的构造，他可以向全网发出通知声明此事，在得到大家的公认后，系统会给予该"矿工"相应的比特币奖励；而其他"矿工"在收到新区块生成的消息后，马上会以这个新区块的ID作为哈希值计算的参数，进行下一个区块的竞争计算。

"挖矿"的故事

"挖矿"主要有两大成本：一是矿机，二是电费。矿机24小时工作，耗电量极大，有实力的"矿工"大多会选择去电价低廉的偏远地区"挖矿"。为此，他们甚至忍受着与纷繁世界的隔绝。为了降低电费成本，他们甚至会像候鸟一般跨越千里。

以国内矿场为例，电力资源丰富、电价便宜的内蒙古、新疆、四川、贵州等边远地区成了"矿工"的首选。

我听到这样一个故事。2013年下半年，一个比特币玩家决定投资矿场，听说四川的电价便宜，他几乎跑遍了四川的水电厂，最终找到了一个一度电只要0.3元的地方，于是他投资了200万元购买矿机。由于2013年正逢比特币大涨行情，他因此大赚了一笔。

不过，"挖矿"并不是稳赚不赔的买卖。据"矿工"讲述，当比特币价格在2015年低于200美元时，挖出的比特币连电费都支付不起。2014—2015年，比特币价格震荡向下，最低时一度达到176美元，这导致很多矿场宣告破产，包括币圈知名人物东叔的矿场。据说东叔的矿场曾是中国少有的大型矿场之一，但2015年时，他不得不将价值5000万元的矿机以300万元的价格变现，最终退出了挖矿的"江湖"。

如今，随着数字货币在全球的普及，世界各地的大资金陆续进入比特币"挖矿"行业，投资规模达上千万元，甚至上亿元，"矿工"的竞争也越来越激烈，矿机轰鸣声将在世界各地响起。目前，北欧、俄罗斯、加拿大、美国等国家和地区正受到矿场的追捧。

按照中本聪的设计，比特币的产生数量是逐渐减少的，约每四年减半。2009年1月3日开始时，每10分钟可以产生50个比特币；2012年12月28日发生了第一次减半，每10分钟产生25个比特币；2016年7月9日第二次减半，每10分钟产生12.5个比特币。截至2018年9月，比特币还有约375万个未被挖出，而随着算力的不断更新升级，"矿工"的生存状态也将发生改变。

矿机

业界有这样一种说法："挖矿"的赚不过卖矿机的，卖矿机的赚不过生产矿机的。言外之意，生产矿机是数字资产"江湖"中获取财富的一大途径，这也反映出某些时期行业的发展状态。经过过去近十年的发展，矿机世界已发生重大变化，矿机已由原来的普通矿机演变为专业矿机，中国已从原来的比特币边缘国家发展成为世界最强大的矿机生产国。

矿机的演变

在矿机"江湖"，演绎是矿机芯片的大比拼。因为比特币的挖矿原理决定了"矿工"要想获得比特币奖励，就必须有更强大的算力。算力也称之为"挖矿"的速度，就是矿机每秒能做多少次哈希碰撞的能力。随着比特币的普及，"矿工"的增多，竞争的加强，"挖矿"对矿机的要求也越来越高。挖矿芯片已经走过了CPU挖矿、GPU挖矿、FPGA挖矿、ASIC挖矿这四个时期。

起初，使用个人计算机就可以比特币挖矿。2009年1月3日，比特币创始人中本聪挖出"创世区块"时，用的就是普通计算机的CPU（计算机中央处理器）挖矿。那是"挖矿"的美好年代，"矿工"随便就能挖出成百上千个币。

到2010年，有"矿工"发现美国AMD半导体公司出产的GPU（计算机图形处理器）芯片有一个特定的计算部件，可以加速计算数字的关键步骤，于是GPU矿机开始流行。

到2011年年底，FPGA（现场可编程逻辑门阵列）矿机成为主角，它剔除了GPU中不必要的图像计算硬件单元，挖矿效率大幅提升。

2013年1月，阿瓦隆的世界上第一台商用比特币ASIC（专用集成电路）矿机交付使用。比起FPGA来说，ASIC芯片牺牲了灵活性，造出来就是为了猜数字"挖矿"，所以效率再次大幅度提升。Avalon ASIC矿机的横空出世则彻底颠覆了比特币挖矿行业，CPU、GPU已彻底无缘比特币挖矿产业，这也预示着ASIC挖矿时代的来临。

有专业人士对这四个阶段的矿机做了个比较：如果说CPU的挖矿速度是1，那么GPU的挖矿速度大概就是10；FPGA矿机的速度虽然只有8，但消耗的电能比GPU小40倍；而ASIC的挖矿速度达到2000，功耗则与GPU相当。这样也就很容易理解，为什么ASIC芯片一问世就迅速占领了市场。

世界顶级矿机厂商

目前ASIC矿机制造商实力强者主要在中国，位居全球前三名的矿机制造商分别是比特大陆、嘉楠耘智和亿邦国际。

1. 比特大陆

目前全球矿机市场份额最高的是比特大陆，占全球ASIC矿机市场份额的70%～80%，这也让它成为产业链中最有话语权的一方。比特大陆成立于2013年，主要生产各类加密货币挖矿的芯片，包括比特币、以太坊、门罗币等，公司大本营位于北京，并在成都、青岛、深圳、武汉等设有研发中心，同时，在中国香港、美国加州、以色列特拉维夫、荷兰阿姆斯特丹等地也设有分公司。比特大陆旗下蚂蚁矿机Antminer、蚁池

Antpool、云算力HashNest在全球市场均排名第一位，蚂蚁矿机现在几乎没有对手。另外，据FX168财经报社（中国香港）报道，比特大陆所拥有的矿池已经超过了比特币区块链计算力的45%。

2018年3月23日，科技部发布《2017年中国独角兽企业发展报告》，比特大陆入围，估值10亿美元。据说，比特大陆2017年全年营业收入达25亿美元。比特大陆打算登陆资本市场，但是并不顺利。先是向港交所提交了IPO招股说明书，不过上市没有成功，后来又向美国资本市场提交了IPO材料。

2. 嘉楠耘智

嘉楠耘智是世界第二大矿机生产商，同样是成立于2013年，它是全世界第一家研发出SHA256专用计算设备的公司，产出的设备销往全球30多个国家和地区，其代表矿机是阿瓦隆AvalonMiner741。2017年5月3日，嘉楠耘智获得昀朴投资、锦江集团、噉澜资本等近3亿元融资，此轮融资后该公司估值近33亿元（约5亿美元）。

2018年5月15日，嘉楠耘智向港交所提交了IPO材料，冲刺上市。据招股书披露，嘉楠耘智2017年营业收入达13亿元，同比增长超过4倍；2017年净利润为3.6亿元，同比增长6.9倍。不过，嘉楠耘智进入资本市场的道路并非一帆风顺，先后经历了被创业板上市公司鲁亿通并购的失败以及申请挂牌新三板的失败。

3. 亿邦国际

亿邦国际是全球第三大矿机生产商，成立于2010年，该公司最早是从事通信网络接入设备及相关设备业务的，2014年区块链兴起后开始制造区块链处理器BPU，也就是专为加密货币而设的计算硬件，即矿机；2015年8月19日，亿邦国际在新三板挂牌；2016年12月，亿邦国际推出了首个自有品牌BPU翼比特E9；2018年5月，亿邦国际推出两款新BPU型号翼比特9.2和翼比特9.3，均利用的是10nm ASIC芯片。

2018年6月24日，继嘉楠耘智之后，亿邦国际也向港交所递交了IPO材料。招股说明书显示，亿邦国际2015—2017年的营业收入分别为9214万元、12077.5万元、97869.9万元，年均复合增长率为225.91%，2017年净利润约3.8亿元。

交易所

全球数字货币市值超过1.4万亿元；

单日交易额超过1000亿元；

全球已有超3000万人投资数字货币。

这是全球数字货币市场在2018年9月的数据，这组数据预示着，数字货币已是不容忽视的投资产品。在这个新兴的投资市场中，交易所扮演着重要的角色，它不仅是一个连接投资者与数字货币的交易平台，更是一种造富的途径。

如果你是身在币圈或链区之外，可能很难想象交易所的利润空间。交易所有三大利润来源：一是经纪业务中佣金，即买卖数字货币的手续费；二是数字货币上线的平台费，相当于上市费；三是交易所自己发行的数字货币。

大部分数字货币交易平台的手续费率约为千分之一，这和2014年之前A股证券市场中券商普遍收的佣金费率差不多。千分之一的手续费对于大型交易所来说，是非常可观的收入。据数字货币大数据平台非小号数据，2018年9月7日，全球成交量排名第一的交易所是Bit MEX，24小时总成交额为203亿元；排名第二的是Binance（币安），24小时总成交额为73亿元。按千分之一的手续费计算，Bit MEX和币安的交易佣金分别达2030万元和730万元，如果保持这个水平，它们的手续费年收入就将达到

74亿元和26亿元。

上币费是交易所的另一个吸金利器。按规则，区块链项目发行的Token想要在交易所上线交易，是需要交纳平台费的，这部分费用弹性空间较大。如果是特别火爆的项目，各平台会抢着上，基本上不收费；如果是一般性项目，收平台费高达三五千万元，或者Token总量的1%～5%；如果是交易所自家生态圈的Token，就象征性地收一些费用。

除了手续费和平台费，发行平台Token是交易所的另一个赚钱门道。主流的交易所都有自己的Token，比如币安的BNB、OKEX的OKB以及火币网的HT等都是其中的代表，这些平台币大多与交易平台的服务挂钩，可用于抵扣手续费、购买服务，甚至直接与平台上的其他数字货币进行交易。截至2018年9月7日，BNB的市值为65亿元，OKB的市值为30亿元，HT的市值为35亿元。

据非小号统计显示，截至2018年9月7日，全球共有270家数字货币交易所，其中日交易达1亿元以上的有12家，分别是Bit MEX、Binance、OKEX、Huobi、Bitfinex、Upbit、Bithumb、Hit BTC、ZB-com、Kraken、Coinbase、Fcoin。接下来，我将对它们进行简要介绍。

Bit MEX

平台简介：Bit MEX建立于塞舌尔共和国，是最先进的比特币衍生品交易所，对于比特币类产品提供高达100倍的杠杆，同时也提供针对其他数字货币产品的高杠杆。Bit MEX自内而外采用最新的多重因素安全机制，安全性能高。Bit MEX还提供各种合约类型，所有合约都用比特币购买和支付。

创始团队：Bit MEX的创始人团队由金融、Web 开发和高频算法交易领域优秀的专家组成。联合创始人兼首席执行官Arthur Hayesarthur，毕业于沃顿商学院经济学专业，曾在中国香港从事股票衍生品交易员工作，他曾是德意志银行和花旗银行的交易所交易基金业务的做市商。

联合创始人兼首席技术官Samuel Reed Samuel 毕业于华盛顿大学的计算机专业。他有十多年的专业编程经验，曾经担任两家技术公司（Tixelated 和Global Brand Solutions of HongKong）的首席技术官，他主要的专业领域是构建现代化实时的Web应用程序和界面，并且他是开源项目的贡献者。

联合创始人兼首席运营官Ben Delo Ben 毕业于牛津大学，曾获得数学和计算机科学专业的硕士学位和一等荣誉，他在高频交易系统方面拥有十多年的开发经验，曾经工作于摩根大通投资银行及IBM公司，他的专长涵盖量化交易系统和工具的设计、架构及实施。

Binance（币安）

平台简介：Binance（币安）是全球领先的区块链资产交易平台，为全球区块链爱好者提供多币种、12种语言的币币兑换服务，目前包含币安区块链资产交易平台、Binance Info、Binance Labs、Binance Launchpad 等业务。

团队介绍：赵长鹏，币安CEO。他曾担任彭博社技术总监，并以联合创始人的身份加入OKCoin，出任CTO，管理过OKCoin的技术团队，并负责OKCoin的国际市场团队；2018年2月，福布斯发布了首个数字货币领域富豪榜，币安创始人赵长鹏位列第三，身家估值11亿～20亿美元，为前十名中唯一的中国人，并登上本期福布斯杂志封面。

何一，币安CMO、联合创始人兼董事，人称"圈币一姐"。她曾是旅游卫视主持人，主持《美丽目的地》和《有多远走多远》两档旅游节目；也曾是《非你莫属》的BOSS团成员，受到众多观众的喜爱；她还是全球交易量最大的数字资产交易平台OKCoin联合创始人；2015年年底加入一下科技，出任副总裁，全面负责一下科技及旗下产品市场；2017年8

月加盟币安。

OKEX

平台简介：OKEX是一家专注于区块链技术和数字资产研发、应用的国际化公司，总部位于伯立兹，公司旗下有专注于纯数字资产交易服务的产品Okex.com，提供世界各种法币交易、币币交易、合约交易等产品和服务。OKEX还有专注于美元、日元、韩元、欧元等交易数字资产的服务型产品Okcoin.com。

团队成员：徐明星，OKEX创始人，前豆丁网CTO。2005年，徐明星在中国人民大学物理专业本科毕业，随后读硕士途中退学。之后加入曾实习的雅虎中国，负责搜索技术。两年后，徐明星结识了豆丁网的创始人林耀成，两人一起创业成立豆丁网。2012年，徐明星从豆丁网退出，自己创业，成立OkCoin；2017年年底成立OKEX。

Huobi（火币）

平台简介：火币全球专业站，是火币集团旗下服务于全球专业交易用户的创新数字资产交易平台，目前提供40多种数字资产品类的交易及投资服务，总部位于新加坡，由火币全球专业站团队负责运营。火币在新加坡、中国香港、韩国、日本等多个国家和地区均有独立的交易业务和运营中心。

团队介绍：李林，火币创始人兼董事长，清华大学自动化系研究生学历，后入职美国甲骨文公司；2010年6月创办团购导航网站人人折；2013年5月，创办比特币交易网站火币网。

Bitfinex

平台简介：Bitfinex是比特币交易平台之一，支持以太坊、比特币、莱特币、以太经典等虚拟币的交易。2016年，Bitfinex约有12万枚比特币通过社交媒体被盗。受此事件影响，当时比特币价格跌了20%。Bitfinex创始人兼首席执行官为Raphael Nicolle。

Upbit

平台简介：Upbit是融科技公司Dunamu与美国交易所Bittrex合作推出的数字货币交易所，2017年10月底上线，目前支持超过110种代币的交易。Dunamu预计Upbit将成为韩国最大的数字货币交易所，平台在未来还会逐步上架更多新的数字货币。

Bithumb

平台简介：Bithumb占韩国比特币市场份额的75.7%，该交易所也是世界上最大的以太坊市场，在韩国的以太坊交易中占比44%左右。Bithumb从2014年1月提供服务以来，日交易额暴增，目前不仅支持比特币、以太坊等多种虚拟货币交易，还扩张到可作为支付手段利用的Payment事业、海外汇款服务等业务领域，是以虚拟货币为基础的金融平台商业公司。其优点是交易量大，交易速度快；缺点是注册麻烦，中文界面汉化不彻底。

Hit BTC

平台简介：Hit BTC成立于2012年，是英国的一所比特币交易平台，这个交易平台以先进的匹配引擎、多币种支持和友好的客户服务而闻名，可以对接美元和欧元市场。Hit BTC的创新和技术特性是创建了一个稳定可靠的API，满足了算法交易者高频交易的需求。

ZB-com

平台简介：ZB-com是一家在萨摩亚独立国注册的区块链资产交易平台，隶属于ZB Network Technology Limited ，运营团队分布于美国、中国、泰国、韩国、加拿大等地，目前已上线比特币、莱特币、以太坊28种数字货币交易资产。

Bit-Z

平台简介：Bit-Z创建于2016年，面向全球提供数字货币交易服务和OTC场外交易服务，其采用银行级的SSL安全边界保证交易的安全性，采用GSLB和分布式服务器保证平台的稳定性；其运营及技术团队包括来自国际数字货币行业的顶尖人才，还包括金融、社交、游戏和电子商务等各领域的多样化专业人才。

GDAX

平台简介：GDAX是美国知名比特币公司Coinbase旗下的全球数字资产交易所。2015年1月21日，Coinbase 获得C轮融资7500万美元，这是当时比特币公司获得的最大一笔融资；2017年1月17日，Coinbase获得了美国的金融牌照，这意味着Coinbase在美国纽约州的经营终于获得了官方认证。

Kraken

平台简介：总部位于旧金山的Kraken成立于2011年，是欧元交易量最大的比特币交易所。Kraken一直被独立新闻媒体评为最佳和最安全的比特币交易所，是第一个在彭博终端上显示交易价格和交易量的比特币交易所，是第一家加密货币银行的合伙人。

Fcoin

平台简介：Fcoin成立于2018年5月，总部位于中国香港，是世界首家资产全透明的数字资产交易平台，它的特点在于"交易即挖矿"，会将平台的大部分收入定期分配给用户。Fcoin在上线短短两个星期内，其平台币FT上涨了100倍。其交易量秒杀其他几家主流交易所，成为全球交易量最大的交易所之一和行业的标杆。它创造的"交易即挖矿"的平台模式，很可能会成为下一步交易所发展的主流趋势。

创始团队：Fcoin由张健发起创立，他于2013年开始接触数字货币。2014年，他开发了区块链信息查询网站qukuai.com以及比特币钱包"快钱包"；同年加入火币，曾任火币网CTO，并创立火币数字货币与区块链研究中心。2016年下半年，张健从火币离职，创办博晨科技。2018年3月，联合创办歌者资本；5月，发起Fcoin数字资产交易平台，探索实践数字资产交易平台的自治型社区发展方向。著有《区块链：定义未来金融与经济新格局》《金融科技：重构未来金融生态》等。

Coinbase

平台简介：Coinbase 是美国的老牌数字货币交易所，于2012年创立，提供买卖和储存比特币的服务，总部位于旧金山，由 Airbnb 前工程师 Brian Armstrong 和高盛前交易员 Fred Ehrsam 创办，拥有正规比特币运营执照。2015年1月21日，据美国《财富》杂志报道，Coinbase C轮融资7500万美元，是比特币公司融资以来的最大一笔；2018年3月，Coinbase 获得英国金融管理局（FCA）授予的电子货币许可证，可在英国和欧盟提供支付和发行数字代币等服务。

首次代币发行ICO

从出现到火爆，又从火爆到冰点，ICO（Initial Coin Offering）的大起大落像是一个人尝尽了一生的酸甜苦辣。ICO是基于数字货币的众筹或融资行为，类似于股票市场的IPO。在这里，我并不想评价ICO的是与非，只是想带大家认识ICO这个在数字资产世界中不可或缺的事物。

ICO是随着比特币、以太币等数字货币的火爆而进入大众视野的，它是基于区块链项目的Token发行行为。2013年以来，全世界的ICO疯狂涌现出来，它的融资速度让IPO都望尘莫及。

ICO众筹流程

ICO众筹流程包括以下几步：

第一步，发行方发布ICO项目白皮书。

ICO项目通常会在项目官方网站以及一些数字货币社区网站上发布项目信息，如ICO项目白皮书，或者其他内容。

第二步，投资人购买数字货币。

投资人通过数字货币交易平台购买ICO项目中发行方规定的可接受的数字货币，如BTC、ETH，用于参与ICO项目众筹。

第三步，发行方发行代币。

发行方按照白皮书中的计划发行相应代币。

第四步，募集登记。

投资人在限定时间内，向发行方发送认筹意向。

第五步，投资人向发行方支付数字货币。

投资人将持有的数字货币支付给发行方。一般而言，ICO项目有两种支付管道：第一种是ICO项目本身的官方网站，有些项目的官方网站会直接公布支付管道，如一个特定的比特币地址或一个以太坊地址；第二种是通过发行平台或论坛支付，投资人可以在该平台或论坛上充值数字货币，进而将已充值的数字货币支付到特定地址。

第六步，发行方向投资人支付代币。

发行方将按照ICO项目白皮书中的计划向投资人支付相应的代币。

第七步，募集结束。

募集时间到期，发行人收投资人认筹的数字货币。

第八步，投资人出售代币。

在募集结束后，发行人一般会利用部分众筹而来的资金让代币上交易平台。代币上线后，投资人就可以买卖了。

ICO发展过程：

2013年7月，Mastercoin（现名为Omni）募集了5000个比特币，这是全世界首个有记录的ICO。

2013年12月，NXT（未来币）是第一个完全POS区块链，曾筹资21个BTC，相当于当时的6000美元。

2014年7月，以太坊ETH募集1800多万美元，加速了ICO的发展进程。

2015年3月，Factom通过Koinify平台ICO，利用比特币的区块链技术革新商业社会和政府部门的数据管理和数据记录方式。

2016年3月，Lisk筹集到14080个BTC和超过8000万个XCR。同年，Golem 几分钟内就完成了860万美元的融资，GNOSIS 、Brave、WAVE 等项目更是屡屡刷新全球募资纪录。

2016年5月，DAO完成了当时ICO史上最大的众筹项目，融资额高达1.6亿美元。DAO全称是Decentralized Autonomous Organization，即"去中心化的自治组织"，但是作为万众瞩目的ICO项目，最终因受到黑客攻击，以解散退回以太币而告终。

2016年9月，First Blood将电竞竞赛服务跟区块链结合，使用了智能合约来解决奖励结构问题，在全球筹到46.5万个ETH。

2017年3月，帅初发起的量子链项目同时在ICO365、币众筹、云币网、ICOAGE、Allcoin五大平台启动ICO，再加上团队的明星阵容，迅速筹集了3500多个比特币，约值近亿元人民币。

量子链项目也代表了中国ICO在2017年的火爆高潮。根据国家互联网金融安全技术专家委员会的统计，2017年上半年，国内已完成的ICO项目共计65个，累计融资规模26.16亿元，累计参与人次达10.5万人次。

不过，中国ICO的疯狂在9月4日戛然而止。当日，中国人民银行等七部委联合发布《关于防范代币发行融资风险的公告》，正式定性ICO本质上是一种未经批准非法公开融资的行为，各类代币发行融资活动应当自公告发布之日起立即停止，已完成代币发行融资的组织和个人应当做出清退等安排。紧接着，OKcoin、火币等交易平台发出公告，称将立即停止人民币充值业务，并纷纷转战海外。

尽管在ICO疯狂的年代，空气中充满了欺骗、套路和不安，但多年以后，我们仍会感激过往的一切，因为它们让我们看到了这个世界对新事物的热切期盼。

炒币

炒币和炒股一样，都是一种投资和投机交集的行为，其结果极易受到市场行情左右。市场行情大好时，人人都像股神和币神；市场行情不好时，大家都低头不作声，此时亏得最少的才是"大神"。2017年币市疯涨，不少数字货币玩家都因此暴富，用几十万元赚到上千万元。

因为政策缘故，2017年9月4日以后国内人民币交易数字货币方式被限制，如今，币安、火币网、OKcoin等中国各大数字货币交易平台都已在海外重新布局落地。如果中国投资者想参与数字货币交易，可以通过交易平台开通的OTC（场外交易）管道实现，OTC是玩家与玩家之间的点对点交易，平台给予担保。火币网和OKex可以点对点交易，币安还尚未开通。

操作流程如下：

（1）下载"火币网"或者"OKex"等你认为不错的交易平台的APP，然后按提示进行注册。期间有不会操作的可以打电话给平台客服，他们会为你解决一切难题。

（2）C2C交易是用户之间点对点交易，买方场外转账付款，卖方收到款后进行确认发币。买卖商家均需要实名认证。

（3）平台会显示一些买卖的挂单，你看上哪个单就买哪个单，一般是按价格高低来排序。比特币有8位小数，最小单位是0.00000001BTC，但交易的话一般是由价格来定，OKex要求买入金额不能小于400元人民币；火币网是卖家会设定最高和最低卖出限额。

（4）转账付款时必须使用本人绑定的银行账户（和支付宝）进行转账。

（5）成交后务必在平台规定的时间内付款，付款时备注订单号，转账后立即点击"完成付款"。卖家收到款后2小时之内进行确认收款，系统自动发币。

当你通过点对点交易买入BTC后，就可以通过BTC进行币币交易，即用BTC买别的数字货币，也可以玩杠杆交易，但杠杆交易的风险较高，普通投资者审慎使用。

以下是几款比较流行的币圈用的小工具，辅助炒币使用。

1. 非小号

非小号APP是国内首家专业性最强的数字货币行业大数据平台，专注于为数字货币用户提供数据分析、数据挖掘服务。拥有全球近2000多个数字货币，200多家交易平台，上万个交易对的数据资源。

2. AICoin

AICoin 是全球最具专业性的数字资产行情、信息、导航平台之一，拥有全面而优质的数字资产资源，提供实时行情、专业K线、精准数据分析、精选全球信息及行业观点交流等多元化便捷一站式服务。

3. Token Club

Token Club是一个基于区块链的数字货币投资服务社区，让区块链投资者可以便捷地获得全方位的投资信息，提供包括数字货币行情信息，基本面、技术面分析以及投资咨询、交易、领投跟投等一站式服务。

4. imToken

imToken 是一款移动端轻钱包 APP应用，是简单好用、功能强大的数字资产钱包应用。对于钱包要认真对待，必须保存好密码和私钥。

5. Twitter（推特）

想要获得其他币种的最新消息，推特可以让你获取团队开发、进展最新动态。

币市是365天全天候24小时交易，也没有涨跌幅限制，这是它和股市的很大不同。还是那句老话，币市有风险，投资需谨慎。

第五章

区块链3.0时代

　　区块链作为数字货币的底层技术，已引起了全世界的高度重视，各国纷纷鼓励发展区块链；同时，包括世界级的科技巨头在内的大型企业也开始研究区块链技术的应用。2017年世界经济论坛更是大胆预测，到2027年世界GDP的10%将被存储在区块链网络上。

数字资产世界

SHUZI ZICHAN SHIJIE

世界在拥抱区块链

在这个章节里，我想重点介绍一下区块链。作为数字货币的底层技术，区块链一直广受认可，它是继互联网之后将对人类历史和百姓生活产生巨大影响的新技术。

联合国、欧盟、国际货币基金组织以及很多主权国家都对区块链给予了肯定和支持，希望以此提高政府、公共部门、金融机构、企业、社会团体等组织对区块链的重视，并积极推进区块链应用落地实践。

联合国

2017年8月17日，联合国信息与通信部门（OICT）在纽约联合国总部秘书处会议室举办了关于"什么是区块链及该技术对于联合国及其会员国的重要性"的区块链技术研讨会，旨在提高联合国及其会员国对创新科技的重视并探究学习如何将创新科技应用到实际中去。多伦多大学、联合国妇女署（UN Women）、联合国儿童基金会（UNICEF）、福特汉姆大学等机构组织均派出代表参加该会议，并发表讲话。

美国

2015年6月，纽约金融服务部门发布了最终版本的数字货币公司监管框架 Bit License，美国司法部、美国证券交易所、美国商品期货交易委员会、美国国土安全部等多个监管机构从各自的监管领域表明了对区块链技术发展的支持态度。2016年6月，美国国土安全部对6家致力于政府区块链应用开发的公司发放补贴；而国防部正致力于研发一个去中心化的分布式账本，以保证地面部队通信及后勤免受外国侵扰。

英国

英国政府于2016年1月发布关于区块链的研究报告《区块链：分布式账本技术》，第一次从国家层面对区块链技术的未来发展应用进行了全面分析并给出了研究建议。白皮书建议将区块链列入英国国家战略，并推广应用于金融、环保、旅游、能源和社会公共事业等领域。同年6月，英国政府进行了区块链试点，跟踪福利基金的分配以及使用情况。

加拿大

2016年6月，加拿大央行展示了他们正在开发的电子版加元——CAD-Coin。这项代号为"Jasper"的创新初衷是帮助央行通过分布式总账发行、转移或处置央行资产。多家加拿大主要的银行，包括加拿大皇家银行、TD银行及加拿大帝国商业银行均参与了该项目。

澳大利亚

2016年3月，澳大利亚邮政（Australia Post）开始探索区块链技术在身份识别中的应用。澳大利亚邮政计划将区块链技术用于选举投票。维多利亚州和塔斯马尼亚州政府的实体财产主任 Tim Adamson 称，这一系统将做到防篡改、可追溯、匿名和安全。区块链技术在澳大利亚也被应用于政治领域，一个新政党 Flux 正在试图利用区块链技术改写政治通货制度。

中国

当然，中国政府对区块链的技术和应用也是极其肯定和鼓励的，但对ICO的态度截然相反，认为ICO是非法集资。早在2016年12月，国务院印发的《"十三五"国家信息化规划》（以下简称《规划》）中就提到，到2020年，"数字中国"建设取得显著成就，信息化跻身国际前列。其中，区块链技术首次被列入《规划》。

2017年8月，国务院印发的《关于进一步扩大和升级信息消费持续释放内需潜力的指导意见》中，明确鼓励利用开源代码开发个性化软件，开展基于区块链、人工智能等新技术的试点应用。同年10月，国务院再次提及区块链的应用，在印发的《关于积极推进供应链创新与应用的指导意见》中，鼓励研究利用区块链、人工智能等新兴技术，建立基于供应链的信用评价机制。

各地区也纷纷推出区块链鼓励政策，包括北京、广州、福建、浙江、香港等18个地区出台了区块链政策，在金融、办公场地、人才培养等方面给予大力扶持。

俄罗斯

值得关注的是，中国的邻国也在拥抱区块链。态度最为积极的是韩国和俄罗斯，这两个国家特别喜欢区块链。2017年6月29日，俄罗斯发表的政府声明显示，俄罗斯安全委员会希望看到更多关于区块链安全风险的研究。该声明指出，俄罗斯政府希望区块链能解决"与信息安全有关的若干重问题"。

韩国

2017年11月，韩国首尔市政府与三星SDS签署协议，实施"信息战略"计划——到2022年使用区块链支持首都的福利、公共安全和交通事务。目前首尔市政府正在尝试利用区块链技术提高透明度并为公众改善便利设施。

日本

2016年4月，日本成立了首个区块链行业组织，叫作"区块链合作联盟（BCCC）"。该组织由30多家对研究开发区块链技术感兴趣的日本公司组成。日本经济贸易产业省（METI）发布了有关区块链技术的新调查结果，建议政府"验证使用案例的有效性"。

迪拜

同处亚州的迪拜对区块链也非常热爱。2018年4月，迪拜宣称将打造世界区块链应用中心，打造全球首个区块链政府，并希望到2020年让全部签证申请、账单支付以及许可证更新工作都使用区块链技术。

区块链应用场景丰富

世界经济论坛创始人克劳斯·施瓦布（Klaus Schwab）说，自蒸气机、电力和计算机发明以来，我们又迎来了第四次工业革命——数字革命，而区块链技术就是第四次工业革命的成果。

作为第四次工业革命的成果，区块链技术拥有深不可测、令人兴奋的能量。从区块链技术的应用场景来看，金融领域、食品安全、生物医疗、知识产权、确权领域、音乐版权、物联网、游戏行业、广告行业等都拥有区块链的应用场景。以金融领域为例，支付结算、股权登记、证券交易、供应链金融等细分领域都已拥有了区块链案例。

支付结算

2016年10月，澳洲联邦银行（CBA）、富国银行（Wells Fargo）及博瑞棉花有限公司（Brighann Cotton）完成了世界上首例结合了区块链、智能合约、物联网的银行间国际贸易事务[①]。这个贸易的双方是博瑞棉花美国和博瑞棉花澳大利亚，它们各自使用的银行分别是富国银行和澳洲联邦银行，交易的内容是将一批88包的棉花从美国的得克萨斯州运到中国的青岛。他们使用区块链技术，将大量的纸质信用证通过存储在私有分布式账本上的一个数字智能合约来执行。智能合约是使用计算机代码

---

① 2016 年 10 月 25 日，搜狐新闻《美澳棉花贸易商首次使用智能合约进行交易》。

编写的合约，一旦达到合约条件，交易就会自动执行。这使得之前那些需要花费数日的人工处理程序在几分钟之内就可以完成，大大提高了效率；与此同时，由于区块链技术提高了信息的透明度，数据实时更新且不可篡改，又降低了欺诈的风险，可谓一举多得。

另外，有一家名叫GCDcoin的区块链跨境支付平台，专注于促进非洲国家B2B2C付款，与非洲当地银行平均跨境支付收取的高昂手续费相比，GCDcoin能够通过区块链将费用降下几个百分点，极大地方便了国内与非洲人民之间的国际贸易。2018年5月，GCDcoin与西非Sinocar达成合作协议，GCDcoin为跨境支付提供了一种通用技术和全球化的解决方案。

股权登记

纳斯达克在2014年收购了Sharespost和Secondmarket两家公司，组建了纳斯达克Private Market，进行未上市公司的股权交易。后来又在2015年推出了基于区块链的Linq系统，帮助创业公司用区块链技术登记股权，与Private Market协同工作。

港交所的首席中国经济学家巴曙松在2017年8月22日表示，港交所计划2018年推出私板（Private Borad），通过应用区块链技术进行股权登记，希望根据不同公司的发展周期提供融资管道。

证券交易

2017年12月，法国政府立法承认区块链是支持证券交易的变革性新技术，能够进行实时交易而无须清算机构进行实时监督，规定银行和金融科技公司能够使用区块链平台交易未上市证券。

2018年3月，德意志交易所宣布计划推出区块链证券交易平台，这是一个效率更高的证券结算系统，财务管理公司 HQLAX 和区块链创业公司 R3 的 Corda 平台将提供技术支持。德意志交易所指出，此举是因分散的全球证券系统使运营成本偏高，同时降低了结算流动性。

供应链金融

2016年6月，全球贸易金融运营网络Fluent计划用区块链简化供应链金融。当前的金融供应链系统孤立且不透明，造成效率十分低下的结果，通过区块链可以帮助简化金融供应链流程，同时将各个节点联系起来。Fluent网络中的每个参与者都能知道挖矿者的身份，防止重复支付，实现支付自动化，从而极大地提高了供应链金融的效率。

区块链技术提供了一种透明的供应链，作为一种信息共享、不可篡改的技术，区块链还可跟踪与产品相关的信息，为每一位参与者提供关于产品的出处、流通过程的信息，这对产品的质量控制和安全控制也是一个巨大的帮助，具有很强的社会意义。

其他领域

在我看来，其实人类的"衣食住行"里都有区块链的应用场景。比如房子所属的建筑业，我们可以用区块链技术把盖房子的重要原材料都记录在链上，用了多少就记录多少，避免以次充好、偷工减料。做这件事的意义就在于能解决建筑行业多年未解决的痛点：据了解，现在房地产造价的60%成本是原材料，可见比重之大。

汽车维修也可以区块链化，尤其是对高端车。区块链可以防止4S店的工作人员擅自更换零部件，区块链技术可以将每个维修过程都记录在案，保证所有维修环节的透明度。除此之外，数字版权管理、物联网、电子商务等行业都拥有区块链的应用基础，我也期待区块链给社会带来更多惊喜和便利。

世界主流的区块链开源技术

区块链技术主要分为公有链、私有链和联盟链三大类型，我们先从字面意思上对它们做个解释：

公有链（Public Blockchain）：公有的区块链，读写权限对所有人开放。

私有链（Private Blockchain）：私有的区块链，读写权限对某个节点加以控制。

联盟链（Consortium Blockchain）：联盟区块链，读写权限只对加入联盟的节点开放。

它们的区别在于读写权限以及去中心化的程度。一般情况下，去中心化的程度越高，可信度越高。公有链的代表有比特币区块链、以太坊、EOS、Tenderminy、Stellar、天德链、比原链等。私有链的代表有蚂蚁金服等；联盟链的代表有IBM区块链、腾讯区块链等。

比特币区块链

比特币区块链是全球最早广泛使用的去中心化区块链技术，它的开源技术体系非常值得参考。比特币区块链采用共识算法，POW算法，工作量（挖矿）证明获得记账权，实现全网记账，每秒处理速度（TPS：transaction per second）为7笔/秒。

以太坊

以太坊被称为区块链2.0，它是一个图灵完备的区块链一站式开发平台。基于以太坊平台之上的应用智能合约，是以太坊的核心亮点。目前以太坊正在运行1.0版本，采用的是POW（工作量证明）"挖矿"的共识算法。目前公网的TPS是25笔，在规划的 2.0版本中，TPS有望达到2000笔。

EOS

EOS被称为区块链3.0的代表，它主要解决了分布式网络构架的商业化问题，为数字货币增加了拓展性。据公开宣称，EOS的TPS能达到每秒上千笔，虽然比上一年ICO时公开的TPS为十几万笔相差甚远，但是在底层设计上也是一大进步。

公有链能够稳定运行，得益于特定的共识机制，例如比特币区块链和以太坊1.0目前依赖工作量证明，而Token能够激励所有参与节点来共同维护链上数据的安全性。因此，公有链的运行很难离开Token。

Stellar

Stellar（恒星网络）在公链中的名声也较为响亮，这是一个由前瑞波（Ripple）创始人Jed McCaleb发起的区块链项目，用于搭建一个数字货币与法定货币之间传输的去中心化网关。听起来Stellar的功能与Ripple有些相似，这是因为它是在Ripple的基础上改进的。据了解，相比Ripple，Stellar最大的不同是恒星支付系统的支撑算法SCP（恒星共识协议），号称是目前最安全的类拜占庭算法。SCP共识机制应用"集合块"，即各节点选择其可信任的其他节点。所有这些个体选择之和便是系统层面的共识集合，这些集合块将整个系统联结起来，正如个体网络的决策统一了互联网一样；而且，Stellar比其他协议要便宜很多，也快得多。在Stellar上面进行10万次交易只需要1分钱。它也比以太坊更安全，其有意限制表达能力的智能合约系统限制了写入可被利用代码的可能性；它的简洁性十分适用于不需要完全图灵完备性的智能合约的应用。简而言之，Stellar主要有高性能、安全性以及物理的交易成本廉价的特点。值得一提的是，虽说Stellar是基于Ripple改进而来，但Ripple却不是区块链，它是一个协议，一种支付系统，让大家能做P2P的支付系统。

天德链（TDBC）

天德链是一个双链架构，它把原来的万能一条链变成账户链（ABC）和交易链（TBC），分别在两条链中做优化，不仅可以保障隐私，还能够节省大量算力。双链架构是负载均衡的，既可以并行计算又可以串行计算，拥有扩展性，因此只要增加服务器就能够提高区块链速度。

目前天德有两个商业应用产品：一个是"高新一号"，另一个是MySQL。"高新一号"是天德科技在2017年3月末发布的大数据版区块链平台，能够实现海量数据的快速查询分析和存储，因此监管单位只需部署一个节点便能够监控所有交易信息，及时发现不合规的交易行为。此外，"高新一号"还能够动态增加节点，只要部署好系统，企业若要增加联盟会员便能够自动把这个会员加入到系统中。

MySQL是快捷版的"高新一号"，特点是高速和低延迟，不需要很多很重的服务器支持，这款产品主要应用在支付领域，在技术上帮助中小企业节省监管环节的人力成本。因为支付对速度要求极高，要求付款之后对方立即收到，因此交易延迟时间必须要小于2秒。目前MySQL已经实现了每秒一万次交易，延迟时间小于1秒。

天德链是由天德科技开发。天德科技创始人为中组部"千人计划"创新专家、北京航天航空大学客座教授、美国亚利桑那州立大学终身荣誉教授蔡维德博士领军，该公司专注于区块链（私有链、联盟链、企业链等）核心技术研发，拥有多项国际领先的区块链核心算法发明专利。

Tendermint

美国公司推出的Tendermint也是不错的公有链。Tendermint通过在应用程序进程和共识形成过程之间设置一个简单的应用程序界面，可以对区块链设计进行分解。由于不依赖于某一特定的编程语言，所以开发人员可以使用任意一种编程语言来编写智能合约，用户同样能够利用现有的代码库、工作流以及开发生态系统来创建复杂的应用程序。Tendermint具有去中心化控制、低延时、渐进安全的特性，大大提高了扩展性和速度，每秒钟可以完成1万多笔交易。不过，我却听说，Tendermint的水份很大，它的TPS每秒只有89笔。如果这个说法是真的，那Tendermint吹牛的本领可比它的区块链技术强。

IBM Hyperledger Fabrice

IBM是超级账本区块链联盟Hyper Ledger的创始企业之一，拥有共享总账本核心技术。IBM建立的是一个基于 Linux 基金会的开源项目Hyperledger Fabric v1.0 和 IBM PaaS 云平台，提供端到端的区块链平台解决方案，能快速搭建高效可用的区块链网络，拥有区块链平台安全特性，并配备完整的自服务运维系统，屏蔽 IT 的复杂度。

IBM Hyperledger Fabrice是目前最活跃并被广泛认可的应用于联盟链的典型开源区块链代码项目，它也是作为Hyper-Ledge基础设施的主要项目之一。IBM Fabrice的主要群体是银行、保险公司、证券公司、商业协会、集团企业及上下游企业。所以，不同于公链的完全开放性，联盟链存在着使用群体的范围较窄的弊端。不过，联盟链有其存在的土壤，因为对于这些大型机构来说，按照完全公链的设计理念，会颠覆他们现有的商业模式和固有利益，且要背负很大的风险。

IBM企业级区块链即服务平台，能让开发人员在IBM云上快速构建和托管高度安全的区块链网络。鉴于其跨私有云的强大计算能力，IBM区块链平台上已有400个客户端。据了解，现在中国的腾讯、阿里巴巴、华为、中兴都唯IBM马首是瞻，它们用的都是IBM的Hyperledger Fabric v1.0技术。

世界科技巨头对区块链的探索

区块链技术风靡世界，科技巨头纷纷进军区块链。目前，包括IBM、苹果、谷歌、微软、高盛、富士康、亚马逊、软银，以及中国的万向控股、阿里巴巴、腾讯、华为、百度、网易、京东、360、迅雷等世界领先的科技企业都在探索区块链的发展和应用。

不得不承认，计算机巨头 IBM在区块链的研究上是走在世界前沿的。该公司不仅建立了企业级区块链开源技术平台，而且还将发行代币。也就是说，IBM已将底层技术和通证经济结合起来了，这将是一个完美的生态系统。

一直以来，大家对区块链的理解各有不同。我认为，完整的区块链包含两部分内容：一是底层技术，二是通证经济生态。这两者缺一不可。

那么，这两者的逻辑关系是怎样的呢？底层技术是为了确保区块链上的数据真实客观，不可篡改；而这个运作过程是需要大量的人来做的，也就是说这是一个大规模协作的过程。如果没有奖励机制，这些为生态的运行做出贡献的人，就很难长期坚持下去，那么这个区块链生态的生命力也不可能长久。

通证正是在这样的背景下诞生的，它能够将各个相关方整合到一起，量化每一个参与者的贡献，奖励生态系统中每个人创造的价值。所以通证也是区块链经济的核心所在。

IBM

2018年5月中旬，IBM正式对世界宣布了它要发代币的消息。该公司已经与环境金融科技初创公司Veridium Labs签署合作协议，将在Public Stellar Blockchain上发行"verde"加密代币。据介绍，IBM和Veridium 将把碳信用额度转化为加密代币；而且IBM为其发行代币规划了一个富于正能量的蓝图：出售"verde"代币所得收益将用于在印尼婆罗洲岛的一片648平方公里的热带雨林重新造林，抵消污染严重的公司对环境造成的伤害。

谷歌

与IBM同样迅速的是，谷歌这家搜索引擎巨头也早就染指区块链相关项目，该公司在2013年投资了发行Ripple的Opencoin公司（现已更名为Ripple Labs）。当然，链圈的人其实并不认为Ripple Labs是区块链公司，而是一个套区块链概念的公司。

此外，谷歌投资的区块链项目还包括钱包服务Blockchain Luxembourg，加密货币资产管理平台LedgerX，国际支付提供商Veem以及现在已经解散的巴特币。

2018年年初，谷歌又宣布考虑采用区块链相关技术并开发自己的分布式账本。2018年2月，谷歌日本子公司进行区块链网络服务器开发研究，并于2018年4月1日推向世界，开始执行建立亚洲中国区服务器搭建和区块链节点链接。谷歌向来以开发尖端技术而闻名。如果它开发出了自己的分布式账本，那么很可能在区块链领域占据一定的"江湖"地位。

另外，我还听说了一件有意思的事，坊间传言，谷歌还想将以太坊的天才少年创始人V神挖到门下，不知是真是假。

微软

与IBM的模式类似，软件巨头微软也在开发区块链应用程序平台，试图在开源技术上占得一席之地。微软云计算部门于2018年5月7日发布了区块链应用创建服务Azure Blockchain Workbench，这是一个基于以太坊的协议。该服务的目的是，让希望创建定制区块链应用的企业能通过自动化基础架构设置来加速开发流程。

不过，微软做的只是平台支持，它只是工具，并不是产品。相比IBM区块链平台，微软晚来了两年，这也导致微软的区块链被甩在了千里之外。这也就是所谓的区块链一天，互联网十年吧。

当然，不可否认的是，微软一直是接受比特币支付的公司。早在2014年12月，Windows和Xbox商店的内容就可以使用比特币购买。在比特币低谷期，微软向世界展示了接纳数字货币的开放性胸怀。

亚马逊

电商巨头亚马逊也和IBM展开了一场"江湖"比拼，推出了"blockchainas-a-service"产品。这是基于Ethereum和Hyperledger Fabric的区块链框架，它允许用户构建和管理自己的块驱动的分散应用程序。

2018年5月15日，亚马逊公司宣布与一家名为Kaleido的初创公司建立了合作伙伴关系，后者的前身是领先的区块链孵化器Consensys。该公司的目标是让亚马逊云服务的客户更容易使用区块链技术。当然，这并不是亚马逊在区块链领域的首次试水，早在2016年5月，亚马逊曾与数字货币集团（DCG）达成合作，为企业提供区块链实验环境。

Facebook

通讯巨头Apple以及社交媒体巨头Facebook是个例外，截至2018年5

月，这两家科技巨头并没有对外公开宣布自己的区块链成果。不过，作为互联网时代的引领者，想必它们也并不想在数字时代落后。

有消息说，Facebook正在研究发行加密货币，并且它在搭建自身区块链架构的同时，也有可能收购加密货币公司。

Facebook现在的市值超过5000亿美元，比当前全球数字货币的总市值还要高。那么，它会在区块链领域做些什么，又会对整个行业带来什么影响？这也是市场关注的话题。

Apple（苹果）

市值离万亿美元仅一步之遥的Apple公司，一直鲜有进军区块链领域的消息。只是在2017年12月，Apple公司向美国专利和商标局提交的专利申请透露出，该公司可能正在创建一个使用区块链技术验证时间戳（times tamp）的系统。

苹果公司的专利内容显示，这个系统的作用在于，如果单个节点被黑客入侵，使用区块链创建和存储时间戳可以保护一个安全元件，例如存储机密信息的 SIM 或 microSD 卡。当一个"矿工"解决与新的区块相关的哈希难题时，新时间就变成了区块链的一部分，因为分布式共识，恶意节点试图改变区块链时间值将被真实的节点检测到，区块链中恶意修改的区块将不会被设备和 SE 识别，因此伪造时间值不会破坏 SE。

摩根大通

高盛与摩根大通这个国际投资银行也在积极探索区块链的应用。路透社2018年4月20日称，摩根大通与加拿大国民银行等几家大公司已测试了一个新的区块链平台，用于发行债券等金融工具，以简化发行、结算、利率支付和其他程序。参与测试的还有高盛资产管理部门、制药巨头辉瑞、美盛（Legg Mason）旗下的西部资产（Western Asset）以及其他一些投资者。据了解，该区块链平台是在摩根大通开发的开源区块链Quorum基础上建立的。

富士康

创造了在A股飞速上市奇迹的富士康在区块链的研究上也不甘落后。2018年5月，我和郭台铭见过一次面，他透露说富士康正在发展区块链金融。另外，此前富士康旗下子公司已经同以色列科技企业Sirin Labs合作，生产Sirin Labs的Finney区块链智能手机。

万向控股

万向控股是中国区块链的布道者。作为中国最早一批研究区块链的企业，万向控股早在2015年9月就成立了万向区块链实验室，这也奠定了该公司在行业中的显赫地位。万向区块链实验室是中国国内首家专注于区块链技术的非营利性前沿研究机构，通过每年举办区块链全球峰会、丛书出版、研究报告、推出孵化器、行业培训、技术讲座、高校产学研合作，以及发起成立中国分布式总账基础协议联盟（ChinaLedger）等举措，已经成为了国内首屈一指、国际领先的区块链技术领域的标志性研究机构。

腾讯

作为互联网巨头，腾讯公司打造的也是提供企业级服务的"腾讯区块链"平台，是一个联盟链。2017年4月，腾讯正式发布了区块链方案白皮书，同时腾讯区块链官方网站上线。

从技术层面看，腾讯可信区块链方案的整体架构分成三个层次：底层是腾讯自主研发的Trust SQl平台，Trust SQL通过SQL和API的界面为上层应用场景提供区块链基础服务的功能，核心定位于打造领先的企业级区块链基础平台；中间是平台产品服务层 Trust Platform，在底层（Trust SQL）之上构建高可用性、可扩展性的区块链应用基础平台产品，其中包括共享账本、鉴证服务、共享经济、数字资产等多个方向，集成相关领域的基础产品功能，帮助企业快速搭建上层区块链应用场景；应用服务层（Trust Application）是向最终用户提供可信、安全、快捷的区块链应用，与合作伙伴共同推动区块链应用场景落地。

华为

华为在区块链领域是走在前面的中国企业。华为在2018年4月发布了《华为区块链白皮书》，打造区块链服务BCS（Blockchain Service）平台，目前已在华为云上线。这是基于开源区块链技术以及华为在分布式并行计算、数据管理、安全加密等核心技术领域的多年积累基础上，推出的企业级区块链云服务产品，是一种开放易用、灵活高效的通用型基础服务。华为云BCS提供多种安全、高效共识算法，TPS高达每秒2000～10 000笔。

其实，华为在区块链领域早有布局，早在2016年华为就积极参与了最具影响力的开源项目Hyperledger，并在两个热度最高的子项目Fabric和STL中持续做出技术和代码贡献，同时被社区授予Maintainer职位，也是两个项目中唯一来自亚洲的Maintainer。

另外，我还了解到一个未公开报道的信息，华为正与北京邮电大学联合制定用区块链技术来定位物联网的传输协议标准，截至2018年5月的最新进展为立项状态。

阿里巴巴

作为电商巨头的阿里巴巴的区块链研究又是怎样的呢？2018年5月，阿里巴巴宣布推出一款区块链试点项目，将通过该公司的新食品信任框架（New Food Trust Framework）获取订单，旨在改善供应链的可追溯性。澳佳宝（Blackmores）和恒天然（Fonterra）率先通过阿里巴巴旗下的天猫全球平台加入了新食品信任框架试点，将澳大利亚和新西兰的产品运往中国，这是阿里巴巴基于区块链食品信任框架的首次尝试。

作为互联网时代的弄潮儿，阿里巴巴创始人马云早在几年前就已接纳区块链。在2018年5月16日在第二届世界智能大会上，马云说没有区块链是要死人的，他个人非常看好区块链，阿里巴巴已经对区块链进行几年的研究，即便那时他根本不明白什么是区块链。马云还狂言，全球区块链专利技术最多的公司是阿里巴巴。

百度

颇耐人寻味的是，百度推出的区块链项目是一款名为"莱茨狗"的游戏产品，想要领养莱茨狗，玩家需要以百度账号登录，从2018年3月27日起，购买百度保险平台中的任意一款产品，不限金额，均能领取一只莱茨狗，但有一定的领取时限。

莱茨狗中的"狗"并不具备现金交易功能，玩家在领取时可获得一定的微积分，微积分目前仅可用于"狗狗"集市中相应数字狗的购买，不具有任何其他功能。未来用户可通过使用百度内部产品获得更多微积分，在"宠物狗"价格上升到一定程度后，玩家可以选择将其卖出。

除推出区块链游戏产品之外，百度还在政务领域做区块链的应用落地。2018年5月，百度与天津市政府达成战略合作，运用综合区块链等技术能力，助力天津滨海新区、中新生态城东丽区智慧城市建设，与天津市政府共同打造人工智能驱动的智慧城市标杆示范点。

网易

作为游戏巨头的网易很容易就找到了区块链的切入点，发布了一款与比特币相似的区块链产品。该款产品名为"星球"，用户注册后可领取数字资产"黑钻"，已于2018年2月9日内测。"黑钻"总量有限，每两年产出量减少一半，随着时间的推移获取难度越来越大。另外，用户通过芝麻分授权、人脸识别、购物、娱乐、教育、金融等方面任务可获取更多原力，加速获取黑钻，邀请好友注册也能获得原力。值得一提的是，2018年1月，网易在内部推出虚拟猫"招财猫"，不过该项目后来并未在外部推出，而是在内部被砍掉，用户的测试资金陆续返还。

京东

电商企业京东与网易、百度的思路一致，也在研发区块链游戏产品。2018年5月18日，京东推出了名为"哈希庄园"的区块链小程序，这是一款提升用户生态内黏度的小程序。目前，该小程序已经完成基于内测的反馈收集，已下线进行升级。

"京心"为京东生态内的原生数字资产，可以用于兑换及拍卖活动，且每隔固定时间产生；内测用户的截图显示，"活力"则等同于算力，"活力"值高低直接决定"京心"出产的速度与数量，用户可通过邀请及登录等日常任务增加活力值，另外，活力值也与微信步数、京东购物、京东理财等挂钩。

奇虎360

360对区块链的研究重点似乎是放在了代币上。2018年1月9日，360宣布推出共享云计划，据说这是全球首家基于区块链的安全共享云平台。与迅雷玩客云、云帆流量宝盒类似，通过360共享云产品分享闲置的带宽资源、计算资源、存储空间，提供给有需要的人。系统会根据用户贡献的带宽流量和存储大小获得360云钻奖励。360还将推出一款共享云路由器以及配套的APP，方便用户监控工作状态，随时查看云钻收益。

至于目前市面上的360路由器能否"挖矿"，官方没有确切消息。

此外，2018年1月29日，奇虎360投资韩国虚拟货币交易所Zeniex，算是业界科技企业里并不多见的投资数字货币交易所的案例。

迅雷

迅雷对区块链的野心十足。2018年4月20日，迅雷宣布推出一种可支持大规模应用的超级区块链，名为"迅雷链"。迅雷的该高性能区块链基于PBFT底层共识算法，可实现超低延迟的实时区块写入和查询，不会产生分叉，能帮助传统行业快速接入区块链技术，自主打造区块链应用。

前不久我在"链上无限·中国区块链产业论坛"上听到迅雷CEO陈磊介绍说，迅雷链是在构建全球领先的区块链平台，TPS可达100万+。不过，链圈人士似乎并不认可迅雷链，当我和别人提及迅雷链，对方毫不客气地说迅雷是在吹牛，它只是为了"挖矿"。但不论如何，迅雷在区块链上的成果，也让它在资本市场赚了风头和市值。在迅雷链发布前，迅雷的股价就开始了一波大涨，从最低9.55美元涨到了最高的14.2美元，累计上涨了48.69%。

日海通讯

物联网是公认的较好的区块链技术应用领域。日海通讯是一家专注于物联网、云网络和通信服务的A股上市公司。它是物联网时代智慧服务商，为公用事业、智慧城市、智能制造、交通物流、车联网、智能家居等领域提供全方位、一揽子物联网解决方案。该公司正筹划成立区块链实验室，推进区块链技术在公司业务中的应用。

附录　名词解释

BTC 比特币

比特币是全球最早出现的数字货币，目前在诸多国家可以购买实物。

Block 区块

区块是在区块链网络上承载永久记录的数据的数据包。

Blockchain 区块链

区块链是分布式数据存储、点对点传输、共识机制、加密算法等计算机技术的新型应用模式。所谓共识机制是区块链系统中实现不同节点之间建立信任、获取权益的数学算法。

Public Blockchains 公有链

公有链是指全世界任何人都可读取的、任何人都能发送交易且交易能获得有效确认的、任何人都能参与其中共识过程的区块链。公有链是任何节点都是向任何人开放的。

Consortium Blockchain 联盟链

只针对某个特定群体的成员和有限的第三方，内部指定多个预选的节点为记账人，每个块的生成由所有的预选节点共同决定。联盟链通常是公司与公司、组织与组织之间达成的联盟模式。

Private Blockchain 私有链

私有链是指其写入权限由某个组织和机构控制的区块链，参与节点的资格会被严格限制。由于参与节点是有限和可控的，因此私有链往往可以有极快的交易速度、更好的隐私保护、更低的交易成本，不容易被恶意攻击，并且能做到身份认证等金融行业必需的要求。

Byzantine Fault Tolerance 拜占庭容错

即令军中各地军队彼此取得共识，决定是否出兵的过程。延伸至运算领域，设法建立具容错性的分散式系统，即使部分节点失效仍可确保系统正常运行，可让多个基于零信任基础的节点达成共识，并确保信息传递的一致性。

Central Ledger 中央分类账

中央分类账是指由中央机构维护的分类账。

Consensus 共识

当所有网络参与者同意交易的有效性时，达成共识，确保分布式账本是彼此的精确副本。

Addresses 地址

加密数字货币地址用于在网络上接收和发送事务。地址是一个字母数字字符串，但也可以表示为可扫描的QR码。

Account 账号

账号是状态中的对象；在货币系统中，这是某个特定用户有多少钱的记录；在更复杂的系统账户可以有不同的功能。

Agreement Ledger 协议分类账

协议分类账是由两方或多方用来协商和达成协议的分布式分类账。

51% Attack 51%攻击

当一个单一个体或者一个组超过一半的计算能力时，这个个体或组就可以控制整个加密货币网络，如果他们有一些恶意的想法，他们就有可能发出一些冲突的交易来损坏整个网络。

Cryptographic Hash Function 加密哈希函数

密码哈希产生从可变大小交易输入固定大小和唯一哈希值，SHA-256计算算法是加密散列的一个例子。

Cryptocurrency 加密数字货币

加密数字货币是基于数学的数字货币形式，其中使用加密技术来调节货币单位的生成并验证资金的转移。此外，加密货币独立于中央银行运作。

Smart Contract 智能合约

智能合约是其条款以计算机语言记录而非法定语言的合约。智能合约可以由计算系统自动执行，例如合适的分布式账本系统。

Hardfork 硬分叉

硬分叉是对区块链协议的改变，使先前无效的块/交易有效，因此要求所有用户升级其客户端。

Softfork 软分叉

软分叉是对比特币协议的一个修改，其中只有以前有效的块/事务被无效。由于旧节点会将新块识别为有效，所以软分叉是向后兼容的。这种分叉只需要大量"矿工"来升级执行新规则。

Consensus 纽约共识会议

纽约共识会议是区块链领域一年一度最重要的峰会，由行业知名媒体coindesk主办。每年的纽约共识大会都会对数字货币市场产生非常大的影响。

割韭菜

简单地说就是庄家炒高了币价，等散户进来，然后出货砸盘，砸到低位重复以上套路，这个叫割韭菜。散户被称为韭菜。

Genesis Block 创世区块

区块链的第一个区块。

Hash值 哈希值

通过哈希函数运算，从而映射成的二进制的值称为哈希值。任何档都可以被映射（生成）为一段哈希值，比如一段文字、视频、档、照片等。哈希运算不是一种加密手段，因为它是不可逆的运算过程，无法解密。

Hash Rate 哈希率

哈希率是比特币矿工在给定的时间段（通常是一秒）内可执行的哈希值。

Ethereum 以太坊

以太坊是一个基于区块链技术的开放式软件平台，支持开发人员撰写智能合约，构建和部署分散式应用程序。

EVM 以太坊虚拟机

EVM是一个图灵完整的虚拟机，允许任何人执行任意EVM字节码。每个ETH节点都运行在EVM上，以保持整个块链的一致性。

Cryptography 密码使用法

密码使用法是指加密和解密信息的过程。

Dapp 去中心化应用

Dapp是一个分散的应用程序，必须完全开放源代码，它必须自主运行，并且没有实体控制其大部分代币。

DAO 分散的自治组织

DAO数据访问对象是一个面向对象的数据库界面，它显露了Microsoft Jet数据库引擎，并允许Visual Basic开发者通过ODBC像直接连接到其他数据库一样，直接连接到Access表。DAO适用单系统应用程序或小范围本地分布使用。

Distributed Ledger 分布式账本

分布式账本，数据通过分布式节点网络进行存储。分布式账本不是必须具有自己的货币，它可能会被许可和私有。

Distributed Network 分布式网络

处理能力和数据分布在节点上而不是拥有集中式数据中心的一种网络。分布式网络是由分布在不同地点且具有多个终端的节点机互连而成的，网中任一点均至少与两条线路相连，当任意一条线路发生故障时，通信可转经其他链路完成，具有较高的可靠性，同时网络易于扩充。

Digital Signature 数字加密

通过公钥加密生成的数字代码，附加到电子传输的文档以验证其内容和发件人的身份。

Double Spending 双重支付/双花

双重支付指的是比特币网络中的一种情况，即有人试图同时向两个不同的收款人发送比特币交易。但是，一旦比特币交易得到确认，就几乎不可能将花费翻倍。特定交易的确认越多，双倍花费比特币就越难，解决这个问题就相当于数字货币的防伪技术。

Digital identity 数字身份

数字身份是由个人、组织或电子设备在网络空间中采用或声明的在线或网络身份。

ICO 首次代币发行

首次代币发行是一种事件，指新的加密数字货币从总体基础币出售高级代币以换取前期资本。ICO经常被用于新的加密数字货币的开发者来筹集资金。

Ledger 分类账

分类账是一个仅追加记录的存储器，记录是不可变的，可能比财务记录拥有更多的一般信息。

Mining 挖矿

挖矿是验证区块链交易的行为，验证的必要性通常以货币的形式奖励给"矿工"。在这个密码安全的繁荣期间，当正确完成计算，采矿可以是一个有利可图的业务。

Mining Pool 矿池

由于单一比特币矿机想挖到一个块的几率是非常小的，毕竟10分钟挖到一个块需要很大的算力，所以就变成了一个0和1的游戏。矿池的出现就是为了打破这种0和1的玩法：一个矿池的算力是很多"矿工"算力的集合，远比单打独斗机会更大。矿池每挖到一个块，便会根据你矿机的算力占矿池总算力的百分比，发给个体相应的奖励，也不会存在不公平的情况。

Node 节点

节点是连接到区块链网络的任何计算机。

Full Node 完整节点

完整节点是完全实施区块链的所有规则的节点。

P2P 点对点

点对点是指在高度互连的网络中至少两方之间发生的去中心化交互。P2P参与者通过一个中介点直接处理彼此。

Private Key 私钥

私钥是一串数据，表明你可以访问特定钱包中的比特币。私钥可以被认为是一个密码；私钥绝不能透露给任何人，因为私钥允许你通过加密签名从你的比特币钱包里支付比特币。

Public Key Encryption 公钥加密

公钥加密是一种特殊的加密方式，在这种加密方式中，同时生成两个密钥（通常称为私钥和公钥），从而使用一个密钥加密的文档可以与另一个密钥解密。一般来说，如名字所示，个人公开他们的公钥并将他们的私钥保留给自己。

POW/ Proof of Work 工作量证明

工作量证明是一个将挖掘能力与计算能力联系起来的系统。块必须被散列，这本身就是一个简单的计算过程，但是在散列过程中增加了一个额外的变量，使其变得更加困难。当一个块被成功散列时，散列必须花费一些时间和计算量。因此，散列块被认为是工作量的证明。

POS/Proof of Stake 权益证明

权益证明是工作量证明系统的替代方案，在这种系统中，你使用加密货币的现有股份来计算你可以挖掘的货币数量。

Protocol 协议

协议是描述如何传输或交换数据的正式规则集，特别是在整个网络中。

Public Address 公共地址

公共地址是公钥的密码哈希值，它们作为可以在任何地方发布的电子邮件地址，与私钥不同。

Ripple 瑞波

Ripple是建立在分布式账本上的支付网络，可以用来转账任何货币。该网络由支付节点和由当局运营的网关组成。付款是使用一系列的借条进行的，网络基于信任关系。

Security Deposit 保证金

用户通常希望能够最终退出和恢复的一种用户存入某种机制的数额（通常是股权共识机制的证明，尽管这也可以用于其他应用程序），但是可以在用户方面渎职的情况下被带走。

Token 通证或代币

代币是可以被获取的东西的数字身份。

Time Stamp 时间戳

一个能表示一份在某个特定时间之前已经存在的、完整的、可验证的数据，通常是一个字符序列，唯一地标识某一刻的时间。

Turing Complete 图灵完备

一切可计算的问题都能计算，这样的虚拟机或者编程语言就叫图灵完备的。一个能计算出每个图灵可计算函数的计算系统被称为图灵完备的。所谓的图灵完备是指语言可以做到用图灵机做到的所有事情，可以解决所有的计算机问题。图灵不完备的语言常常是因为循环或递归受限，无法实现类似数组或列表的数据结合，这会导致能写的程序有限。

Validator 验证者

证明利益共识的参与者，验证人需要提交一个安全保证金才能包含在验证器集合中。

Wallet 钱包

钱包是一个包含私钥的档。它通常包含一个软件客户端，允许访问查看和创建钱包所设计的特定块链的交易。

Offline Wallet 冷钱包

冷钱包指断网使用的钱包。

Online Wallet 热钱包

热钱包指联网使用的钱包。

侧链 Sidechain

侧链技术将实现比特币和其他数字资产在多个区块链间的转移，这就意味着用户在使用他们已有资产的情况下，就可以访问新的加密货币系统。目前，侧链技术主要是由Blockstream公司负责开发。

极客

极客是美国俚语"geek"的音译。随着互联网文化的兴起，这个词含有智力超群和努力的语意，又被用于形容对计算机和网络技术有狂热兴趣并投入大量时间钻研的人。现在Geek是指一群以创新、技术和时尚为生命意义的人，这群人不分性别，不分年龄，共同战斗在新经济、尖端技术和世界时尚风潮的前线，共同为现代的电子化社会文化做贡献。

黑客

泛指擅长IT技术的人群，他们对计算机科学、编程和设计方面具有高度理解力，精通各种编程语言和各类操作系统，伴随着计算机和网络的发展而产生、成长。在信息安全里，"黑客"指研究智取计算机安全系统的人员，他们利用公共通信网路，如互联网和电话系统，在未经许可的情况下载入对方系统。

UTXO

UTXO（Unspent Transaction Outputs）是比特币交易的基本单位。是指未花费的交易输出，它是比特币交易生成及验证的一个核心概念。交易构成了一组链式结构，所有合法的比特币交易都可以追溯到前面一个或多个交易的输出，这些链条的源头都是"挖矿"奖励，末尾则是当前未花费的交易输出。所有的未花费的输出即整个比特币网络的UTXO。

后　记

美国Apple公司创始人乔布斯说，"活着，就是为了改变世界"。数字货币也有这样一颗野心，有人说它的野心是要成为这个时代的货币新主角。

比特币是数字货币的开山之石，它的出现让人有耳目一新的感觉，它时尚、动人，让人忍不住想去了解它，以至于有人认为它是骗子，然而它却用十年荡气回肠的发展史告诉人们，它是存在的，而且不以哪国政府的意志而改变。作为一种新兴货币，它是认真的。

数字货币的出现，给人类提供了新的支付手段，这种支付手段时髦，没有国界限制，能在全球流通。想想，这样的新世界是多么令人兴奋，而这便是数字货币划时代的意义。

区块链作为比特币的底层技术而被人熟知，然而区块链的潜力远不止于此，它可能让整个人类社会进入万物互联的时代，形成一个智能社会。这可能是一种革命性地进步。当然，不论是自然科学还是社会科学，每一次进步都需要不断地试错，不断地完善，区块链作为一种新兴的科技技术，其发展过程中可能也免不了出现偏差，但这无不是进步的体现。不论是区块链技术还是数字货币，都在改变着我们的观念，让人类进入到更加文明的时代。

历史上，新兴货币取代旧货币的过程在不断地缩短。金属货币取代自然货币用了上千年时间，信用货币取代金属货币只用了近100年时间。数字货币会不会取代信用货币，需要经历多少时间？

或许，二十年前，你缺席了互联网；十年前，你错过了楼市；而今，区块链正迎面而来，数字时代已经拉开序幕，你会选择观望还是"上车"？